数学リテラシー
Mathematics Literacy

竹内 潔　久保隆徹
Kiyoshi Takauchi　Takayuki Kubo
［著］

共立出版

はじめに

　教育は国家百年の計と言われる．これは春秋戦国時代の中国の古典「管子」の有名な言葉で，教育が国家の存亡にかかわる中心的な問題であることを意味している．翻って現在の日本の教育はいかがであろうか．日本では大学受験まで多くのバラバラな知識の丸暗記や複雑で意味不明な計算練習を強いられることが多い．また欧米諸国と異なり，ずばぬけた才能のある学生が飛び級することもほとんど認められていない．これでは科学技術や文化の高度な発展など望みえないようにみえる．しかしながら，そのような状況下でも戦後日本はこれまで多くの優秀な人材を輩出してきた．これは（詰め込み教育という批判はあるものの）高校までにかなり多くの知識を圧縮して学ぶことが，図らずも傑出した才能の発現につながってきたからだと思われる．

　ところが数学の教育に関しては，このような優位性はここ十数年間で急速に失われた．最大の変化は「空間図形」と「行列と一次変換」の2項目が高校の教科書から消えたことである．これらは大学初年次に学ぶ線形代数のプロトタイプであり，多変数の微積分の理解にも不可欠である．またコンピューターのプログラミングや情報処理においても中心的な役割を果たす．工学的な視点からも，空間図形や写像の知識がない学生が機械の設計を行うことはまず不可能であろう．したがって，もし空間図形，行列，写像などについて高校で一切学ばず，さらに大学でもじっくりと時間をかけて学習する機会が与えられないということになれば，理工系学生諸君の将来の活躍の道は完全に閉ざされてしまうだろう．たとえば空間図形の知識がなければ，コンピューターグラフィックスのプログラムを書くことも読むことも不可能である．また行列の理解がなければ，昨今切実に求められているビッグデータの解析など望みえないことも明らかであろう．大学における微積分や線形代数の理解が不十分になることは，数学だけでなく物理や化学，地球科学，工学，生物学などの研究にも深刻な悪影響を及ぼす．つまり，これは数十年前の基本的な文献さえ読めなくなることを意味する．これでは，ありとあらゆる国際競争の場面からほぼ全員が（参加す

iv   はじめに

ることもなく）敗退することは必至である．

　本教科書「数学リテラシー」は，以上のような日本の数学教育にまつわるきわめて危機的な状況を，少しでもよい方向へ戻すことを願って企画された．つまり，日本の教育行政が今後猫の目のようにくるくると変化しても，強い数学力を身につけた学生たちが続々と育つよう，これを執筆した．「数学リテラシー」は，いわゆるリメディアル（再履修）教育の教材ではない．高校数学と大学数学の間の大きなギャップの解消（高大接続）を目的としている．そもそも「空間図形」と「行列と一次変換」が高校できちんと教えられていた時代でも，大学1年生がこのギャップを乗り越えるのは相当大変なことであった．現在ではかなり多くの学生がこれを乗り越えることができず，せっかくの大学4年間を無為に過ごしているようで，本当に気の毒である．高校と大学のギャップを埋めるのに何か適当な本が1冊あればよいが，現時点ではどうやら何冊かの本を読まない限りギャップの解消は難しいようである．そこで我々は，たった1冊でこの問題を一気に解決することを目標に，本教科書「数学リテラシー」を執筆した．「空間図形」と「行列と一次変換」だけでなく，「集合と写像」，「イプシロン・デルタ論法」などの大学数学では初歩的な部分だが，初学者にとっては敷居の高い項目についても丁寧な説明を心がけた．総じてこの教科書1冊に軽く目を通すことで，大学初年次の線形代数と微積分の概観がつかめるものと期待している．読者は，またこれにより大学数学を学ぶ上での基本的な「リテラシー」を身につけられるだろう．できるだけ多くの学生に手にとって気軽に読んでもらえるよう，我々は本教科書の執筆にあたり，説明や証明のわかりやすさ，例の選択などについて最大限の配慮をした．また取り扱う内容はもっとも基本的かつ重要なものにしぼり，本文の長さをわずか百数十ページに圧縮した．これにより，レベルを下げることなく，まさに「ねっころがってもスラスラ読める」読みやすさが実現できたのではないかと期待している．実際高校の数学の教科書は，ほとんどの学生が無理なく通読できるよう書かれている．我々は，まさに「高校4年の教科書」のように万人に受け入れられる読みやすさを目標に「数学リテラシー」を執筆した．さらに最小限の努力と忍耐でもっとも高いレベルに到達できるよう，これまでの知識とノウハウを総動員した．

　高大接続を必要とする大学1年生だけでなく，受験勉強だけには飽き足らない向学心の旺盛な高校生にも本教科書は大いに薦められる．実際，多くの中高

一貫の進学校では，高校2年次までに高校数学をひと通り学習し，最終年度の高校3年では受験勉強に専念するようである．感性のもっとも豊かな時期に，受験問題を解く練習をするばかりで，大学で学ぶような数学の楽しさや美しさ，一般性の感じられるより高度な数学を勉強する機会が彼らに与えられていないのは残念である．そのような諸君にも是非，本教科書を手に取ってもらいたい．「あとがき」でも詳しく述べるように，じつは本教科書を読み終えることで，微積分と線形代数だけでなく群論，初等整数論，複素関数論，微分幾何，ベクトル解析，トポロジーなどのより高度な現代数学にもすんなり入っていけるようになっている．本教科書が，前途有望な高校生が数学に目を開くきっかけとなれば幸いである．

さらに数学とはまったく異なる専門の学生や研究者，会社員，公務員の方々も，本教科書を（ねっころがってスラスラ）読まれることで，これまでは決して容易には学ぶことのできなかった，より本格的で厳密な数学の証明や議論の進め方を学ぶことができるだろう．数学の議論は他の分野のものと異なり，各ステップが厳密（100%正確）であるがゆえに，何度積み重ねても絶対に倒れない魔法の塔のように限りなく積み重ねていくことができる．これにより，じつに多くの美しい理論や定理が得られている．これは数学の，他の学問にはない際だった特徴である．しかしながら我々は，このような厳密な議論の積み重ねで深い真理に到達できる数学の議論の方法が，数学科出身者だけの専売特許となっているのをつねづね残念に思っていた．本教科書がその一般社会への普及の一助となれば幸いである．数学の美しい結果は，現実社会においても素晴らしい応用があまたあるに違いない．数学の議論の仕方や知識が一般社会に広く普及すれば，学問や文化の発展が大いに期待できるだろう．以上まとめると，本教科書はおおむね次のような方々を読者として想定している：

(1): 高大接続を必要とする大学1年生
(2): 受験勉強では飽き足らない向学心が旺盛な高校生
(3): 数学の議論の仕方を学びたい他分野の研究者

本教科書により数学ファンが一人でも増え，ここに書いてあることが特に理工系の学生や研究者にとってごく当たり前の常識となる日が来れば，望外の幸

せである．本教科書の執筆にあたり，筑波大学の実に多くの先生方より貴重な
ご意見を頂いた．特に木村健一郎，木下保，佐垣大輔，桑原敏郎の4氏は，原
稿を細部まで詳しく読み，非常に多くの修正点や改良案をご指摘頂いた．本教
科書の完成度を上げ，無事に世に送り出すことができたのは，ひとえに彼らの
おかげである．これを深く感謝する次第である．最後にこのような貴重な機会
を与えてくださった共立出版の方々に深くお礼申し上げる．

2018年11月吉日

筑波大学　　竹内　潔
久保隆徹

■ ■ 目　次 ■ ■

はじめに	iii
第1章　集合の基礎	**1**
1.1　集合	1
1.2　集合と論理	4
1.3　実数直線の部分集合	5
第2章　写　像	**11**
2.1　写像の一般理論	11
2.2　直積集合と射影	15
第3章　写像の例1（行列による一次変換）	**17**
3.1　行列と一次変換	17
3.2　2次元の一次変換	26
3.3　行列の固有値と対角化	34
第4章　写像の例2（置換と行列式）	**41**
4.1　置換	41
4.2　行列式への応用	44
4.3　発展事項（定理4.2.1の証明）	51
第5章　空間図形	**53**
5.1　空間ベクトルの長さと内積	53
5.2　空間ベクトルの外積，平行六面体の体積	55
5.3　空間図形1：空間内の球と平面の式	57
5.4　空間図形2：空間内の直線の式	62
5.5　2変数関数のグラフ	68
5.6　発展事項（行列式の幾何学的意味）	72

viii 目 次

第6章 イプシロン・デルタ論法入門　　77

6.1　話のまくら 77
6.2　数列の収束の定義 78
6.3　数列の収束に関するやさしい証明 81
6.4　関数の極限値 89
6.5　関数の連続性の定義 93

第7章 無限級数への応用　　97

7.1　話のまくら 97
7.2　無限級数の収束の定義 98
7.3　正項級数 101
7.4　絶対収束と条件収束 105

第8章 実数の連続性再論　　109

8.1　コーシー列 109
8.2　Bolzano-Weierstrass の定理 110
8.3　Bolzano-Weierstrass の定理の応用 ... 112

第9章 関数列の一様収束　　117

9.1　関数列の一様収束とその応用 117
9.2　べき級数への応用 120

第10章 多変数の微積分に向けて　　125

10.1　ユークリッド空間の開集合と閉集合 125
10.2　多変数の連続関数 131
10.3　発展事項（多変数の微積分のあらまし） .. 134

問 解 答　　145

あとがき　　189

参考文献　　193

索　引　　195

記号一覧

　大学数学では，アルファベット以外にも下記のギリシャ文字や略語・記号が使われる．一般的に使われると思われるものを以下にまとめた．

ギリシャ文字

小文字	大文字	一般的な読み方
α	A	アルファ
β	B	ベータ
γ	Γ	ガンマ
δ	Δ	デルタ
ϵ, ε	E	イプシロン，エプシロン
ζ	Z	ゼータ
η	H	エータ，イータ
θ, ϑ	Θ	シータ
ι	I	イオタ
κ	K	カッパ
λ	Λ	ラムダ
μ	M	ミュー
ν	N	ニュー
ξ	Ξ	クシー，グジー，グザイ
o	O	オミクロン
π, ϖ	Π	パイ
ρ, ϱ	P	ロー
σ, ς	Σ	シグマ
τ	T	タウ
υ	Υ	ウプシロン
ϕ, φ	Φ	ファイ
χ	X	カイ
ψ	Ψ	プサイ
ω	Ω	オメガ

x　記号一覧

大学数学の講義でよく使われる略語・記号一覧

略語	意味
c.f.	ラテン語で"confer"の略.「比較せよ」,「参照せよ」の意味
e.g.	ラテン語で"exempli gratiā"の略.「例えば」,「for example」の意味
i.e.	ラテン語で"id est"の略.「すなわち」,「that is」の意味
q.e.d.	ラテン語で"quod erat demonstrandum"の略.「証明終了」の意味
$\forall$	「任意の」,「すべての」の意味. 任意の = Arbitrary の頭文字 A の上下をひっくり返して作った記号
$\exists$	「存在する」の意味. 存在する = Exist の頭文字 E の左右をひっくり返して作った記号
$A := B,\ A \overset{\text{def}}{=} B$	「A を B で定義する」の意味

記号	読み方
$\widetilde{f}$	エフ チルダ
f'	エフ プライム
f''	エフ ダブルプライム

第1章

集合の基礎

1.1 集合

集合とはものの集まりである．実は，何を集合と定義するかはそれなりに深い考察を必要とするのだが，ここではまず次の例のような素朴な数の集合を考えることにしよう．

▶ 例 1.1.1
(1) $\mathbb{R}$: 実数全体のなす集合，
(2) $\mathbb{Q}$: 有理数全体のなす集合，
(3) $\mathbb{Z}$: 整数全体のなす集合，
(4) $\mathbb{N}$: 自然数全体，すなわち $1, 2, 3, \ldots$ のなす集合．

x が集合 A の**元**（要素）であるとき，$x \in A$ あるいは $A \ni x$ と記す．このとき x は A に属するという．反対に x が A の元でないとき，$x \notin A$ と記す．集合 A をその元を列記し $A = \{2, 3, 7\} = \{7, 2, 3\}$ などと記すことがある（このとき元の順番はどうでもよい）．例えば自然数の集合 $\mathbb{N}$ は，$\mathbb{N} = \{1, 2, 3, \ldots\}$ と記せばよい．また元が満たす条件を用いて集合を定義する以下のような表記法もよく用いられる．

▶ 例 1.1.2
(1) $\{$ 正の実数 $\} = \{x \in \mathbb{R} \mid x > 0\}$,
(2) $\{$ 絶対値が $\sqrt{2}$ 未満の有理数 $\} = \{x \in \mathbb{Q} \mid -\sqrt{2} < x < \sqrt{2}\}$.

集合 A のすべての元が集合 B に属するとき，A は B の**部分集合**であるといい $A \subset B$ あるいは $B \supset A$ と記す．例えば例 1.1.1 では，包含関係

$\mathbb{N} \subset \mathbb{Z} \subset \mathbb{Q} \subset \mathbb{R}$ が成り立っている．$A \subset B$ かつ $B \subset A$ であるとき，集合 A と B は等しいといい $A = B$ と記す．$A \subset B$ であるが $A \neq B$ であるとき，A は B の**真部分集合**であるといい $A \subsetneq B$ と記す．元を 1 つも含まない集合 $\{\ \}$ を**空集合**と呼び $\emptyset$ という記号で記す[1]．空集合 $\emptyset$ はすべての集合の部分集合であると考える．$A \neq \emptyset$ のとき，A は空でないという．2 つの集合 A, B に対して次の集合を考えよう：

(1) $A \cap B = \{x \mid x \in A$ かつ $x \in B\}$：A と B の**交わり**（共通部分），
(2) $A \cup B = \{x \mid x \in A$ または $x \in B\}$：A と B の**和集合**（合併），
(3) $A \setminus B = \{x \mid x \in A$ かつ $x \notin B\}$：A と B の**差集合**．

この定義から $A \cap B \subset A \subset A \cup B$, $A \cap B = B \cap A$, $A \setminus B \subset A$ などの事実は明らかであろう．ただし等式 $A \setminus B = B \setminus A$ は一般には成立しない．集合間の包含関係を表すには，ベン図を用いるのが大変便利である．例えば $A \cap B$, $A \cup B$, $A \setminus B$ は以下のように表示される：

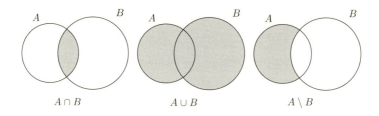

$A \cap B = \emptyset$ のとき，和集合 $A \cup B$ を $A \sqcup B$ と記すことがある．これを A と B の**無縁和** (disjoint union) と呼ぶ．ベン図を用いれば，次の等式は明らかであろう：

$$(A_1 \cup A_2) \cap B = (A_1 \cap B) \cup (A_2 \cap B),$$
$$(A_1 \cap A_2) \cup B = (A_1 \cup B) \cap (A_2 \cup B).$$

より一般に有限個の集合 $A_1, A_2, A_3, \ldots, A_m$ に対しても，それらの共通部分と和集合が次のように定義される：

---

[1] この記号はノルウェー語のアルファベットである．

(1) $\bigcap_{i=1}^{m} A_i = A_1 \cap A_2 \cap \cdots \cap A_m = \{x \mid すべての i に対して x \in A_i\}$,

(2) $\bigcup_{i=1}^{m} A_i = A_1 \cup A_2 \cup \cdots \cup A_m = \{x \mid 少なくとも 1 つの i に対して x \in A_i\}$.

考えている対象全体からなる集合を**全体集合**（または**普遍集合**）と呼び U と記す．このとき集合 $A(\subset U)$ の**補集合** A^c を以下で定義する[2]：

$$A^c = \{x \in U \mid x \notin A\} \subset U. \tag{1.1.1}$$

例えば，全体集合を $U = \mathbb{R}$ とすれば $\mathbb{Q}^c \subset U = \mathbb{R}$ は無理数全体からなる $U = \mathbb{R}$ の部分集合である．また $(A^c)^c = A$, $\emptyset^c = U$ も明らかであろう．補集合の定義は全体集合のとり方によることを注意せよ．全体集合が何であるかは，文脈から明らかである場合が多い．次のド・モルガンの法則は基本的である．

定理 1.1.1 （ド・モルガンの法則）任意の 2 つの集合 A, B $(\subset U)$ に対して以下の等式が成り立つ：

$$(A \cap B)^c = A^c \cup B^c, \qquad (A \cup B)^c = A^c \cap B^c. \tag{1.1.2}$$

この定理の証明は以下のベン図を見れば明らかであろう．

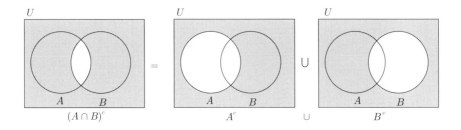

---

[2] 高校数学では $\overline{A}$ で補集合を定義することが多いが大学数学では A^c を用いることが多い．

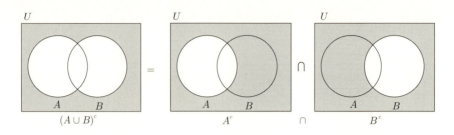

問 1.1.1 全体集合 U を 20 以下の自然数とし，集合 A を全体集合 U の元で，素数であるものの集合，集合 B を全体集合 U の元で，60 の約数の集合とする．このとき，次の集合を元を列記する表記法でかけ．

(1) $A \cap B$ (2) $(A \cup B)^c$ (3) $A \setminus B$ (4) $(B \setminus A)^c$

問 1.1.2 全体集合 U の任意の 3 つの部分集合 A_1, A_2, A_3 に対して，ド・モルガンの法則は成立するか，ベン図をかいて説明せよ．

問 1.1.3 $A = \{a, b, c\}$ の部分集合をすべてかけ．また，集合 A の元が N 個の場合，部分集合はいくつあるか．

1.2 集合と論理

真（正しい）か偽（正しくない）かが判定できる主張を**命題**と呼ぶ．「（全体集合 U の要素 $x \in U$ に対してある）条件 $p(x)$ が成り立つ」というのが命題の基本的な形である（この命題を条件と同じ記号 p で表す）．2 つの条件 p, q に対して，条件 p かつ（または）q が成り立つという条件により定まる命題を $p \wedge q \; (p \vee q)$ と記す．$p \wedge q \; (p \vee q)$ を命題 p, q の**論理積**（**論理和**）と呼ぶ．また条件 p が成り立たないという条件により定まる命題を $\overline{p}$ と記し，命題 p の**否定命題**と呼ぶ．（全体集合 U の中で）条件 p（条件 q）が成り立つ要素 $x \in U$ のなす集合を P (Q) とおく．つまり，$P = \{x \in U \mid p(x) \text{ が成り立つ}\}$ ($Q = \{x \in U \mid q(x) \text{ が成り立つ}\}$) とおく．これを命題 p（命題 q）の**真理集合**と呼ぶ．このとき $p \wedge q, p \vee q, \overline{p}$ の真理集合はそれぞれ $P \cap Q, P \cup Q, P^c$ となる．実数 $a \in \mathbb{R}$ に対する命題「$0 < a < 1$ ならば $0 < a^2 < 1$」（これは真）のように 2 つの条件 p, q を用いて「p ならば q」と記述される命題を $p \Longrightarrow q$

と記す. 命題 p (q) の真理集合を P (Q) とするとき, 命題 $p \Longrightarrow q$ が成り立つことは集合の包含関係 $P \subset Q$ が成り立つことである. 命題 $p \Longrightarrow q$ および $q \Longrightarrow p$ が成り立つとき, 命題 p と q は**同値**であるといい, $p \Longleftrightarrow q$ と記す. これは真理集合の等式 $P = Q$ と対応している. 真理集合について $P \subset Q$ を確かめるためには $Q^c \subset P^c$ を確かめてもよい. よって命題 $p \Longrightarrow q$ を証明するためには, 命題 $\bar{q} \Longrightarrow \bar{p}$ を証明してもよい. 命題 $\bar{q} \Longrightarrow \bar{p}$ を命題 $p \Longrightarrow q$ の**対偶**と呼ぶ. また真理集合に対するド・モルガンの法則

$$(P \cap Q)^c = P^c \cup Q^c, \qquad (P \cup Q)^c = P^c \cap Q^c$$

より次の命題の同値性が得られる:

$$\overline{p \wedge q} \Longleftrightarrow \bar{p} \vee \bar{q}, \qquad \overline{p \vee q} \Longleftrightarrow \bar{p} \wedge \bar{q}.$$

すなわち「条件 p かつ（または）q が成り立つ」という命題を否定すれば「条件 $\bar{p}$ または（かつ）$\bar{q}$ が成り立つ」という命題が得られる. また3つ以上の条件についても同様の結果が成り立つ.

問 1.2.1 次の命題の否定命題を作れ.
(1) A さんと B さんはともに日本人である.
(2) このクラスの学生はみな茨城県出身である.

1.3 実数直線の部分集合

ここでは $\mathbb{R}$ すなわち実数直線の部分集合について考えよう. 2つの実数 $a < b$ に対して次の4種類の実数直線の部分集合が定義される:

▶**例 1.3.1**
(1) $(a, b) = \{x \in \mathbb{R} \mid a < x < b\}$,
(2) $[a, b] = \{x \in \mathbb{R} \mid a \leq x \leq b\}$,
(3) $[a, b) = \{x \in \mathbb{R} \mid a \leq x < b\}$,
(4) $(a, b] = \{x \in \mathbb{R} \mid a < x \leq b\}$.

これらを点 $a, b \in \mathbb{R}$ を端点とする**区間**と呼ぶ. (a, b) を**開区間**, $[a, b]$ を**閉**

区間と呼ぶ．$[a,b)$ および $(a,b]$ は**半開区間**と呼ばれる．また $(a,+\infty) = \{x \in \mathbb{R} \mid a < x\}$，$(-\infty,b] = \{x \in \mathbb{R} \mid x \leq b\}$ などのような無限区間もよく用いられる．特に実数直線 $\mathbb{R}$ も無限区間 $(-\infty,+\infty)$ と考えることにする[3]．以下 A を実数直線 $\mathbb{R}$ の部分集合とする．一般に集合 A の最大値（最小値）は存在するとは限らない．最大値（最小値）が存在するとき，その値を $\max A$ ($\min A$) と記す．

定義 1.3.1

(1) ある実数 $M \in \mathbb{R}$ が存在してすべての $a \in A$ に対して不等式 $a \leq M$ が成り立つ（すなわち包含関係 $A \subset \{x \in \mathbb{R} \mid x \leq M\}$ が成り立つ）とき，集合 A は**上に有界**であるという．また，このとき M は A の**上界**であるという（図 1.3.1 参照）．

(2) ある実数 $M \in \mathbb{R}$ が存在してすべての $a \in A$ に対して不等式 $a \geq M$ が成り立つ（すなわち包含関係 $A \subset \{x \in \mathbb{R} \mid x \geq M\}$ が成り立つ）とき，集合 A は**下に有界**であるという．またこのとき M は A の**下界**であるという（図 1.3.2 参照）．

(3) 集合 A が上にも下にも有界である（すなわちある正の実数 $M > 0$ に対して包含関係 $A \subset \{x \in \mathbb{R} \mid -M \leq x \leq M\}$ が成り立つ）とき，単に A は**有界**であるという（図 1.3.3 参照）．

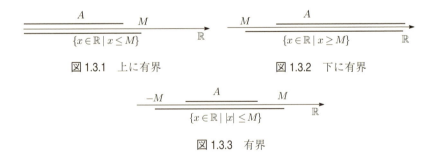

図 1.3.1　上に有界　　　　　図 1.3.2　下に有界

図 1.3.3　有界

---

[3] 今後の誤解がないようにするために $\mathbb{R}$ に $\pm\infty$ は含まれないことに注意をしておく．なぜならば，実数の基本的な性質の 1 つとして実数どうしで加減乗除の四則演算ができることがあるが，$\pm\infty$ はそれができないためである．

1.3 実数直線の部分集合   7

▶ 例 1.3.2

(1) 集合 $A = (-\infty, 2] \subset \mathbb{R}$ は上に有界であるが，下に有界ではない．また，A のすべての元 $a \in A$ に対して $a \leq 2$ であるから，$2 \leq M$ となるすべての実数 $M \in \mathbb{R}$ は A の上界である．

(2) 集合 $A = \{x \in \mathbb{Q} \mid -2 < x < 3\} \subset \mathbb{R}$ は有界である．A のすべての元 $a \in A$ に対して $a < 3$ であるから，$3 \leq M$ となるすべての実数 $M \in \mathbb{R}$ は A の上界であり，A のすべての元 $a \in A$ に対して $a > -2$ であるから $-2 \geq M$ となるすべての実数 $M \in \mathbb{R}$ は A の下界である．

　集合 $A \subset \mathbb{R}$ の上界（下界）全体のなす実数直線の部分集合を $U(A) \subset \mathbb{R}$ ($L(A) \subset \mathbb{R}$) と記すことにしよう．このとき，もし A が上に有界（下に有界）ならば $U(A) \neq \emptyset$ ($L(A) \neq \emptyset$) である．

▶ 例 1.3.3　円周率 π に 3 から小数点以下 1 桁ずつ近づく実数の集合を A とする．このとき，$A = \{3, 3.1, 3.14, 3.141, 3.1415, \ldots\} \subset \mathbb{R}$ は有界であり，$U(A) = \{x \in \mathbb{R} \mid x \geq \pi\}, L(A) = \{x \in \mathbb{R} \mid x \leq 3\}$ である．

　この例からも推察されるように，実数直線 $\mathbb{R}$ の空でない上に有界（下に有界）な部分集合 $A \subset \mathbb{R}$ に対してはつねに上界の集合 $U(A) \neq \emptyset$ （下界の集合 $L(A) \neq \emptyset$) の最小値（最大値）が存在しそうである．この教科書では，このことを**公理**[4)] として認め理論全体の出発点にする：

実数の連続性公理

実数直線 $\mathbb{R}$ の任意の空でない上に有界（下に有界）な部分集合 $A \subset \mathbb{R}$ に対して，その上界の集合 $U(A) \neq \emptyset$ （下界の集合 $L(A) \neq \emptyset$) は最小値（最大値）をもつ．

　直感的にいって，この公理は実数直線 $\mathbb{R}$ に「穴があいていない」ことを主張している．これにより，以下の定義が可能になる．

[4)] 公理とは，証明することはできないが，万人が真であると認め得るような命題のことである．

8   第 1 章 集合の基礎

定義 1.3.2

(1) $A \subset \mathbb{R}$ が空でなく上に有界なとき，$U(A) \neq \emptyset$ の最小値（つまり A の最小上界）$\min U(A)$ を A の**上限**と呼び $\sup A$ と記す.

(2) $A \subset \mathbb{R}$ が空でなく下に有界なとき，$L(A) \neq \emptyset$ の最大値（つまり A の最大下界）$\max L(A)$ を A の**下限**と呼び $\inf A$ と記す.

つまり，上に有界な部分集合 $A \subset \mathbb{R}$ は最大値 $\max A$ をもつとは限らないが，その上限 $\sup A$ はつねに存在するという前提の下に以後話を進める．もし最大値 $\max A$ が存在すれば，それは上限 $\sup A$ と一致する（各自証明を試みよ：問 1.3.4）.

補題 1.3.1 空でない上に有界な部分集合 $A \subset \mathbb{R}$ の上限を $\alpha \in \mathbb{R}$ と記す．また $\varepsilon > 0$ とする．このときある $a \in A$ に対して $\alpha - \varepsilon < a$ が成り立つ.

証明 $\alpha - \varepsilon$ は A の上限（最小上界）α よりも小さいので，もはや A の上界ではない．よって上界の定義により（上界の定義を否定することにより），ある $a \in A$ に対して $\alpha - \varepsilon < a$ が成り立つことがわかる（1.2 節の否定命題の作り方を参照せよ）. □

問 1.3.1 2 つの区間 A, B を $A = \{x \in \mathbb{R} \mid x \leq 1\}$，$B = \{x \in \mathbb{R} \mid x > 0\}$ とする．このとき，次の各問に答えよ.

(1) 集合 $A \setminus B, B \setminus A, A \cap B$ をそれぞれ求めよ.

(2) A の上界の集合 $U(A)$ と上限 $\sup A$ を求めよ.

(3) B の下界の集合 $L(B)$ と下限 $\inf B$ を求めよ.

問 1.3.2 次の集合の上限，下限を求めよ.

(1) $A = \{x \in \mathbb{R} \mid 3x + 2 < 5\}$,　　(2) $B = \{x \in \mathbb{R} \mid x^2 \leq 9\}$,

(3) $C = \{x \in \mathbb{R} \mid x^3 > 27\}$.

1.3 実数直線の部分集合　9

問 1.3.3　数列 $\{a_n\}_{n=1}^{\infty}$ を

$$a_1 = 1, \qquad a_n = \begin{cases} \dfrac{2a_{n-1} - 1}{3} & (n \text{ が奇数}), \\[2mm] \dfrac{a_{n-1} + 2}{3} & (n \text{ が偶数}) \end{cases}$$

と定める．集合 $\{a_n \mid n \in \mathbb{N}\}$ の上限，下限を求めよ．

問 1.3.4　上に有界な部分集合 $A \subset \mathbb{R}$ に対して，最大値 $\max A$ が存在すれば，上限 $\sup A$ に一致することを示せ．

第2章

写　像

2.1　写像の一般理論

　数学とは，様々な集合とその間の写像を研究する学問といってよい．高校で学んだ関数の概念を一般化して集合間の写像を次のように定義する．A, B を集合とする．A の各元（点）$a \in A$ に対して B の元（点）$f(a) \in B$ を「ただ1つ」対応させる規則 f を A から B への**写像**と呼び，$f : A \longrightarrow B$ と記す．このとき $f(a) \in B$ を写像 f の $a \in A$ における**値**と呼ぶ．2つの写像 $f, g : A \longrightarrow B$ がすべての $a \in A$ に対して条件 $f(a) = g(a)$ を満たすとき，f と g は**等しい**といい $f = g$ と記す．また集合 A の各点 $a \in A$ を自分自身 $a \in A$ に対応させる写像 $f : A \longrightarrow A$ を A の**恒等写像**と呼び $f = \mathrm{id}_A$ と記す．

▶ 例 2.1.1

(1) 写像（関数）$f : \mathbb{R} \longrightarrow [-1, 1]$ を，各 $x \in \mathbb{R}$ に対して $f(x) = \sin x \in [-1, 1]$ とおくことで定める．このことを $f : \mathbb{R} \longrightarrow [-1, 1], \ x \longmapsto \sin x$ と略記する．ここで記号 $\longmapsto$ はその両側の元の対応を意味する．

(2) 写像 $f : \mathbb{Z} \longrightarrow \{\pm 1\}, \ n \longmapsto (-1)^n$ は，各 $n \in \mathbb{Z}$ に対して $f(n) = (-1)^n \in \{\pm 1\}$ とおくことで定まる写像である．

定義 2.1.1　$f : A \longrightarrow B$ は写像とする．

(1) 写像 f が**単射**であるとは，条件

$$a \neq a' \qquad \Longrightarrow \qquad f(a) \neq f(a') \tag{2.1.1}$$

が成り立つことをいう（これは対偶をとることにより条件

$$f(a) = f(a') \qquad \Longrightarrow \qquad a = a' \tag{2.1.2}$$

が成り立つことと同値である). このとき f が単射であることを特に強調して $f : A \hookrightarrow B$ とかくことがある.

(2) 写像 f が**全射**であるとは, 任意の $b \in B$ に対して $f(a) = b$ となる $a \in A$ が (少なくとも 1 つ) 存在することである. このとき f が全射であることを特に強調して $f : A \twoheadrightarrow B$ とかくことがある.

(3) 写像 f が全射かつ単射であるとき, f は**全単射**であるという.

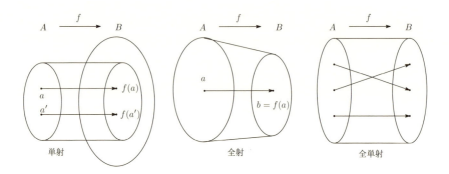

▶ 例 2.1.2

(1) 写像 $f : \mathbb{Z} \longrightarrow \{\pm 1\}, n \longmapsto (-1)^n$ は全射であるが単射でない.
(2) 写像 $f : \mathbb{R} \longrightarrow \mathbb{R}, x \longmapsto e^x$ は単射であるが全射でない.
(3) 写像 $f : \mathbb{R} \longrightarrow \mathbb{R}, x \longmapsto x^2$ は単射でも全射でもない.

▶ 例 2.1.3

(1) 写像 $f : \mathbb{R} \longrightarrow \mathbb{R}, x \longmapsto x^3$ は全単射である.
(2) 集合 A の恒等写像 $\mathrm{id}_A : A \longrightarrow A, a \longmapsto a$ は全単射である.
(3) 写像 $f : \mathbb{Z} \longrightarrow \mathbb{Z}, n \longmapsto 2n$ は単射であるが全射でない.
(4) 写像 $f : \mathbb{Q} \longrightarrow \mathbb{Q}, x \longmapsto 2x$ は全単射である.

写像 $f : A \longrightarrow B$ を考えよう. A の部分集合 $C \subset A$ より定まる B の部分集合

$$f(C) = \{f(a) \in B \mid a \in C\} \subset B \tag{2.1.3}$$

を $C \subset A$ の f による**像**と呼ぶ. 写像 $f : A \longrightarrow B$ が全射であるとは等式 $f(A) = B$ が成り立つことを意味する. また B の部分集合 $D \subset B$ より定まる A の部分集合

$$f^{-1}(D) = \{a \in A \mid f(a) \in D\} \subset A \tag{2.1.4}$$

を $D \subset B$ の f による**逆像**と呼ぶ.

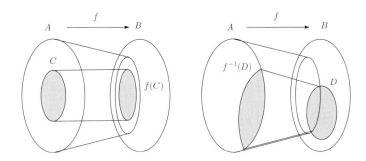

写像 $f : A \longrightarrow B$ が単射であるとは,任意の $b \in B$ に対して一点(からなる)集合 $\{b\} \subset B$ の f による逆像 $f^{-1}(\{b\}) \subset A$ が高々 1 つの元からなる(すなわち 2 つ以上の元を含まない)ことを意味する. 写像 $f : A \longrightarrow B$ および $g : B \longrightarrow C$ が与えられたとき,それらの**合成写像**(または**結合**)$g \circ f : A \longrightarrow C$ を $(g \circ f)(a) = g(f(a))$ で定義する. 写像の合成(結合)に関しては次の**結合法則**が成り立つ:

$$(h \circ g) \circ f = h \circ (g \circ f) \tag{2.1.5}$$

(したがって,これを $h \circ g \circ f$ とかいてよい). 次の補題は基本的である.

<u>補題 2.1.1</u> 写像 $f : A \longrightarrow B$ は全単射とする. このとき逆向きの写像 $g : B \longrightarrow A$ が(ただ 1 つ)存在して,写像の等式 $g \circ f = \mathrm{id}_A$ および $f \circ g = \mathrm{id}_B$ が成り立つ.

証明 f の全単射性により,各 $b \in B$ に対して $f(a) = b$ となる $a \in A$ がただ 1 つ定まる. この $a \in A$ を用いて $g(b) = a$ とおくことで写像 $g : B \longrightarrow A$ が定義できる. g の構成により,すべての $a \in A$ に対して $(g \circ f)(a) = g(f(a)) = a$ が成り立つ. これは写像の等式 $g \circ f = \mathrm{id}_A$ を示している. またすべての $b \in B$

14　第2章　写　像

に対して $(f \circ g)(b) = f(g(b)) = b$ が成り立つことも明らかであろう．これは
$f \circ g = \mathrm{id}_B$ を示している．　　　　　　　　　　　　　　　　　　　　□

　この補題における $g : B \longrightarrow A$ を $f : A \longrightarrow B$ の**逆写像**と呼び，
$f^{-1} : B \longrightarrow A$ と記す．単射や全射の定義から次の補題は明らかであろう．

補題 2.1.2　2つの写像 $f : A \longrightarrow B$ および $g : B \longrightarrow C$ に対して次が成り
立つ：
(1) f と g が単射ならば $g \circ f$ も単射．
(2) f と g が全射ならば $g \circ f$ も全射．
(3) f と g が全単射ならば $g \circ f$ も全単射．

　次の命題も非常に大切である．

命題 2.1.1　2つの写像 $f : A \longrightarrow B$ および $g : B \longrightarrow C$ に対して次が成り
立つ：
(1) 合成写像 $g \circ f : A \longrightarrow C$ が単射ならば f も単射．
(2) 合成写像 $g \circ f : A \longrightarrow C$ が全射ならば g も全射．

証明　(1)：$f(a) = f(a')$ であるとしよう．このとき $(g \circ f)(a) = g(f(a)) = g(f(a')) = (g \circ f)(a')$ が成り立つので，$g \circ f$ の単射性により $a = a'$ を得る．
よって f は単射である．
(2)：$c \in C$ とする．このとき $g \circ f$ の全射性により $(g \circ f)(a) = g(f(a)) = c$
となる $a \in A$ が存在する．ここで $b = f(a) \in B$ とおけば $g(b) = c$ が成り立
つ．よって g は全射である．　　　　　　　　　　　　　　　　　　　□

系 2.1.1　写像 $f : A \longrightarrow B$ は全単射とする．このとき，f の逆写像 $f^{-1} : B \longrightarrow A$
も全単射である．

証明　写像の等式 $f^{-1} \circ f = \mathrm{id}_A$，$f \circ f^{-1} = \mathrm{id}_B$ が成り立つ．恒等写像 $\mathrm{id}_A, \mathrm{id}_B$
は全単射であるので，命題 2.1.1 より f^{-1} も全単射となる．　　　　　□

　系 2.1.1 からもわかるように，写像 $f : A \longrightarrow B$ が全単射であるとは，f に
より A の元と B の元が完全に 1 : 1 に対応していることを意味する．写像

2.2 直積集合と射影　15

$f : A \longrightarrow B$ および $g : B \longrightarrow C$ がともに全単射であれば，$g \circ f : A \longrightarrow C$ も全単射であり写像の等式 $(g \circ f)^{-1} = f^{-1} \circ g^{-1}$ が成り立つ．集合 A の元の数（濃度ともいう）が有限個であるとき，A は**有限集合**であるという．有限集合 A の元の数を $\sharp A$ で表す．有限集合 A, B の間の写像 $f : A \longrightarrow B$ が単（全）射であれば，不等式 $\sharp A \leq \sharp B$ ($\sharp B \leq \sharp A$) が成り立つ．よって特に $f : A \longrightarrow B$ が全単射であれば，等式 $\sharp A = \sharp B$ が成り立つ．

問 2.1.1 写像 $f : A \longrightarrow B$ を考える．部分集合 $C_1, C_2 \subset A$ および $D_1, D_2 \subset B$ に対して次を示せ：

(1) $f(C_1 \cap C_2) \subset f(C_1) \cap f(C_2)$.

(2) $f(C_1 \cup C_2) = f(C_1) \cup f(C_2)$.

(3) $f^{-1}(D_1 \cap D_2) = f^{-1}(D_1) \cap f^{-1}(D_2)$.

(4) $f^{-1}(D_1 \cup D_2) = f^{-1}(D_1) \cup f^{-1}(D_2)$.

問 2.1.2 問 2.1.1 (1) において，等式

$$f(C_1 \cap C_2) = f(C_1) \cap f(C_2)$$

が成り立たない写像 $f : A \longrightarrow B$ および部分集合 $C_1, C_2 \subset A$ の例をあげよ．

問 2.1.3 写像 $f : A \longrightarrow B$ を考える．部分集合 $C \subset A$ および $D \subset B$ に対して次を示せ．また等式が成り立たない例をあげよ．

(1) $f^{-1}(f(C)) \supset C$.

(2) $f(f^{-1}(D)) \subset D$.

2.2　直積集合と射影

次に定義する直積集合を用いると興味深い写像の例を沢山構成することができる．

定義 2.2.1 集合 A, B に対し，A の元 $a \in A$ と B の元 $b \in B$ の（順序つきの）組 (a, b) すべてを元とする集合

$$A \times B = \{(a, b) \mid a \in A, b \in B\}$$

16　第 2 章　写　像

を A と B の**直積集合**（または**デカルト積**）と呼ぶ．より一般に有限個の集合 $A_1, A_2, \ldots, A_n$ の直積集合 $\prod_{i=1}^{n} A_i = A_1 \times A_2 \times \cdots \times A_n$ を次で定める：

$$\prod_{i=1}^{n} A_i = \{(a_1, a_2, \ldots, a_n) \mid a_i \in A_i \ \ (i = 1, 2, \ldots, n)\}.$$

特に $A_1 = A_2 = \cdots = A_n = A$ のとき $\prod_{i=1}^{n} A_i$ を A^n と略記する．

▶**例** 2.2.1

(1) 直積集合 $A \times B$ から A (B) への写像 $p_1 : A \times B \longrightarrow A, (a, b) \longmapsto a$ $(p_2 : A \times B \longrightarrow B, (a, b) \longmapsto b)$ を第 1（第 2）**射影**と呼ぶ．$A \neq \emptyset$ $(B \neq \emptyset)$ であれば p_2 (p_1) は全射である．

(2) 整数の和および積により定まる写像 $f : \mathbb{Z} \times \mathbb{Z} \longrightarrow \mathbb{Z}, (m, n) \longmapsto m + n$ および $g : \mathbb{Z} \times \mathbb{Z} \longrightarrow \mathbb{Z}, (m, n) \longmapsto mn$ は，ともに全射であるが単射ではない．

(3) 写像（関数）$f : \mathbb{R}^2 = \mathbb{R} \times \mathbb{R} \longrightarrow \mathbb{R}, (x, y) \longmapsto x^2 + y^2$ は全射でも単射でもない．

　上の例に出てきた実数直線 $\mathbb{R}$ の直積集合 $\mathbb{R}^2 = \mathbb{R} \times \mathbb{R}$ は，xy 平面と自然に同一視される．同様に $\mathbb{R}^3 = \mathbb{R} \times \mathbb{R} \times \mathbb{R}$ は我々の住んでいる 3 次元の xyz 空間と同一視できる．自然数 n に対して直積集合

$$\mathbb{R}^n = \{(x_1, x_2, \ldots, x_n) \mid x_i \in \mathbb{R} \ \ (i = 1, 2, \ldots, n)\} \tag{2.2.1}$$

を n 次元**ユークリッド空間**と呼ぶ．大学初年級の数学の 1 つの到達目標は，多変数の微積分や線形代数を通じて n 次元ユークリッド空間に十分親しむことである．

▶**例** 2.2.2　次で定めるスカラー倍写像 f は全射であるが単射ではない．

$$f : \mathbb{R} \times \mathbb{R}^n \longrightarrow \mathbb{R}^n, \ (\lambda, (x_1, x_2, \ldots, x_n)) \longmapsto (\lambda x_1, \lambda x_2, \ldots, \lambda x_n)$$

第3章

写像の例1（行列による一次変換）

この章では，写像の大切な例として行列による一次変換を紹介する．またそれにより大学初年次に学ぶ線形代数について入門的解説を行う．

3.1 行列と一次変換

まず行列について基本的な演算を説明する．（実数を成分とする）m 行 n 列の行列とは

$$
A = (a_{ij})_{1 \leq i \leq m, 1 \leq j \leq n} = \begin{pmatrix} a_{11} & a_{12} & \ldots & a_{1n} \\ a_{21} & a_{22} & \ldots & a_{2n} \\ \vdots & \vdots & \ddots & \vdots \\ a_{m1} & a_{m2} & \ldots & a_{mn} \end{pmatrix}
$$

のように $m \times n$ 個の実数 $a_{ij} \in \mathbb{R}$ $(1 \leq i \leq m, 1 \leq j \leq n)$ を縦横に並べてできるものである．a_{ij} を行列 A の第 (i, j) 成分と呼ぶ．また

$$
\begin{pmatrix} a_{1j} \\ a_{2j} \\ \vdots \\ a_{mj} \end{pmatrix}
$$

を行列 A の第 j 列（ベクトル）と呼ぶ．同様にして行列 A の第 i 行（ベクトル）も

$$
(a_{i1} \; a_{i2} \; a_{i3} \; \cdots \; a_{in})
$$

と定まる．特に $n = 1$ の場合，行列 A は m 次元の（縦）ベクトルである：

18　第3章　写像の例1（行列による一次変換）

$$A = \begin{pmatrix} a_{11} \\ a_{21} \\ \vdots \\ a_{m1} \end{pmatrix} \in \mathbb{R}^m$$

その意味で行列はベクトルの概念の一般化であるということができる．m 行 n 列の行列全体のなす集合を $M(m, n, \mathbb{R})$ と記す．2つの m 行 n 列の行列

$$A = (a_{ij})_{1 \leq i \leq m, 1 \leq j \leq n}, \quad B = (b_{ij})_{1 \leq i \leq m, 1 \leq j \leq n} \quad \in M(m, n, \mathbb{R})$$

が等しい（$A = B$）とは，すべての成分が等しいこととする：

$$A = B \iff a_{ij} = b_{ij} \ (1 \leq i \leq m, 1 \leq j \leq n).$$

またそれらの和 $A + B \in M(m, n, \mathbb{R})$ を成分ごとの和により

$$A + B = \begin{pmatrix} a_{11} + b_{11} & a_{12} + b_{12} & \dots & a_{1n} + b_{1n} \\ a_{21} + b_{21} & a_{22} + b_{22} & \dots & a_{2n} + b_{2n} \\ \vdots & \vdots & \ddots & \vdots \\ a_{m1} + b_{m1} & a_{m2} + b_{m2} & \dots & a_{mn} + b_{mn} \end{pmatrix}$$

と定める．すなわち

$$A + B = C = (c_{ij})_{1 \leq i \leq m, 1 \leq j \leq n} \in M(m, n, \mathbb{R})$$

としたとき

$$c_{ij} = a_{ij} + b_{ij} \qquad (1 \leq i \leq m, 1 \leq j \leq n)$$

とおく．この定義から行と列の個数が一致しない行列どうしの和は定義できないことに注意する．m 行 n 列の零行列 $O \in M(m, n, \mathbb{R})$ を

$$O = \begin{pmatrix} 0 & 0 & \dots & 0 \\ 0 & 0 & \dots & 0 \\ \vdots & \vdots & \ddots & \vdots \\ 0 & 0 & \dots & 0 \end{pmatrix}$$

と定める. このとき任意の m 行 n 列の行列 $A \in M(m, n, \mathbb{R})$ に対して

$$A + O = A, \qquad O + A = A$$

が成り立つ[1]. 以下に述べるように, 行列の積 AB は A の列の数と B の行の数が等しいときのみ定義される. m 行 n 列の行列 $A = (a_{ij})_{1 \le i \le m, 1 \le j \le n} \in M(m, n, \mathbb{R})$ と n 行 ℓ 列の行列 $B = (b_{ij})_{1 \le i \le n, 1 \le j \le \ell} \in M(n, \ell, \mathbb{R})$ の積

$$AB = C = (c_{ij})_{1 \le i \le m, 1 \le j \le \ell} \in M(m, \ell, \mathbb{R})$$

を

$$c_{ij} = \sum_{k=1}^{n} a_{ik} b_{kj} \qquad (1 \le i \le m, 1 \le j \le \ell),$$

すなわち

$$
AB = \begin{pmatrix} a_{11} & \cdots & a_{1k} & \cdots & a_{1n} \\ \vdots & \ddots & \vdots & \ddots & \vdots \\ a_{i1} & \cdots & a_{ik} & \cdots & a_{in} \\ \vdots & \ddots & \vdots & \ddots & \vdots \\ a_{m1} & \cdots & a_{mk} & \cdots & a_{mn} \end{pmatrix} \begin{pmatrix} b_{11} & \cdots & b_{1j} & \cdots & b_{1\ell} \\ \vdots & \ddots & \vdots & \ddots & \vdots \\ b_{k1} & \cdots & b_{kj} & \cdots & b_{k\ell} \\ \vdots & \ddots & \vdots & \ddots & \vdots \\ b_{n1} & \cdots & b_{nj} & \cdots & b_{n\ell} \end{pmatrix}
$$

$$
= \begin{pmatrix} c_{11} & \cdots & c_{1j} & \cdots & c_{1\ell} \\ \vdots & \ddots & \vdots & \ddots & \vdots \\ c_{i1} & \cdots & c_{ij} & \cdots & c_{i\ell} \\ \vdots & \ddots & \vdots & \ddots & \vdots \\ c_{m1} & \cdots & c_{mj} & \cdots & c_{m\ell} \end{pmatrix}
$$

で定める. つまり AB の第 (i, j) 成分 c_{ij} は A の第 i 行と B の第 j 列の内積であるとする:

$$c_{ij} = \sum_{k=1}^{n} a_{ik} b_{kj} = \begin{pmatrix} a_{i1} \\ a_{i2} \\ \vdots \\ a_{in} \end{pmatrix} \cdot \begin{pmatrix} b_{1j} \\ b_{2j} \\ \vdots \\ b_{nj} \end{pmatrix}.$$

---

[1] すなわち零行列 $O \in M(m, n, \mathbb{R})$ は行列の和についての単位元である.

20   第 3 章 写像の例 1（行列による一次変換）

▶ **例 3.1.1** $m = n = \ell = 2$ の場合を考えよう．このとき 2 つの行列

$$A = \left(\begin{array}{cc} a & b \\ c & d \end{array} \right), \quad B = \left(\begin{array}{cc} p & q \\ r & s \end{array} \right) \quad \in M(2, 2, \mathbb{R})$$

の積 $AB \in M(2, 2, \mathbb{R})$ は

$$AB = \left(\begin{array}{cc} ap + br & aq + bs \\ cp + dr & cq + ds \end{array} \right) \quad \in M(2, 2, \mathbb{R})$$

となる．また，$BA \in M(2, 2, \mathbb{R})$ は

$$BA = \left(\begin{array}{cc} ap + cq & bp + dq \\ ar + cs & br + ds \end{array} \right) \quad \in M(2, 2, \mathbb{R})$$

となる．

注意 3.1.1 上の例から，一般に $AB = BA$ は成り立たないことに注意せよ．

問 3.1.1 行列

$$A = \left(\begin{array}{cc} 1 & 2 \\ 4 & -3 \end{array} \right), \quad B = \left(\begin{array}{c} 1 \\ 2 \\ 3 \end{array} \right), \quad C = \left(\begin{array}{ccc} 2 & 4 & 1 \end{array} \right), \quad D = \left(\begin{array}{cc} 1 & 2 \\ -3 & 5 \\ 0 & -2 \end{array} \right)$$

について次の行列は定義されるか，定義される場合には計算せよ．

(1) AB (2) BA (3) AC (4) CA

(5) AD (6) DA (7) BC (8) CB

(9) BD (10) DB (11) CD (12) DC

行列の積の定義より，**結合法則**

$$(AB)C = A(BC)$$

（したがって，これを単に ABC とかく）や**分配法則**

$$(A_1 + A_2)B = A_1B + A_2B, \quad A(B_1 + B_2) = AB_1 + AB_2$$

が成り立つことが確かめられる（結合法則を示すためには，2つの和 Σ の順序が交換できることを用いればよい）.

m 行 n 列の行列 $A = (a_{ij})_{1 \leq i \leq m, 1 \leq j \leq n} \in M(m, n, \mathbb{R})$ の**転置**

$$^t A = (b_{ij})_{1 \leq i \leq n, 1 \leq j \leq m} \in M(n, m, \mathbb{R})$$

を

$$b_{ij} = a_{ji} \qquad (1 \leq i \leq n, 1 \leq j \leq m)$$

で定義する．すなわち転置行列 $^t A$ は A の行と列をひっくり返して得られる行列である．

問 3.1.2 行列 $A \in M(m, n, \mathbb{R}), B \in M(n, \ell, \mathbb{R})$ に対して等式 $^t(AB) = {}^t B {}^t A$ が成り立つことを示せ．

特に $m = n$ の場合，行列 $A \in M(n, n, \mathbb{R})$ を n 次正方行列と呼ぶ．n 次正方行列全体のなす集合を $M(n, \mathbb{R})$ と記す．これは行列の和と積について閉じている（すなわち $A, B \in M(n, \mathbb{R}) \implies A + B, AB \in M(n, \mathbb{R})$ が成り立つ）．n 次の**単位行列** $E_n \in M(n, \mathbb{R})$ を

$$E_n = \begin{pmatrix} 1 & & 0 \\ & \ddots & \\ 0 & & 1 \end{pmatrix}$$

と定める．すなわち $E_n = (e_{ij})_{1 \leq i, j \leq n}$ としたとき

$$e_{ij} = \delta_{ij} \qquad (1 \leq i, j \leq n)$$

である．ここで δ_{ij} は**クロネッカーのデルタ**記号である：

$$\delta_{ij} = \begin{cases} 1 & (i = j), \\ 0 & (i \neq j). \end{cases}$$

このとき任意の n 次正方行列 $A \in M(n, \mathbb{R})$ に対して

22   第3章　写像の例1（行列による一次変換）

$$AE_n = A, \qquad E_n A = A$$

が成り立つ．すなわち単位行列 $E_n \in M(n, \mathbb{R})$ は n 次正方行列の**積**について
の**単位元**である．n 次正方行列 A に対して，$BA = E_n$ $(AC = E_n)$ を満たす
n 次正方行列 B (C) を A の**左逆行列**（**右逆行列**）と呼ぶ．A の左逆行列 B も
右逆行列 C もともに存在するとすると，

$$B = BE_n = B(AC) = (BA)C = E_n C = C$$

となり B と C は等しい．つまり $B = C$ に対して等式 $BA = AB = E_n$ が成
り立つ．このとき B を A の**逆行列**と呼び A^{-1} と記す．よって

$$A^{-1}A = AA^{-1} = E_n$$

が成り立つ．逆行列をもつこのような正方行列を**正則行列**（または**可逆行列**）と
呼ぶ．

問 3.1.3 n 次正方行列 A の逆行列 A^{-1} は存在すれば一意に定まることを示せ．

　簡単のため 2 次の正方行列

$$A = \begin{pmatrix} a & b \\ c & d \end{pmatrix} \qquad (a, b, c, d \in \mathbb{R})$$

の場合を考えよう．まず行列 $A \in M(2, \mathbb{R})$ の**行列式** $\det A \in \mathbb{R}$ を

$$\det A = ad - bc \quad \in \mathbb{R}$$

により定義する．また A の**トレース** $\operatorname{tr} A \in \mathbb{R}$ を

$$\operatorname{tr} A = a + d \quad \in \mathbb{R}$$

と定める．もし $\det A \neq 0$ であれば行列

$$B = \frac{1}{ad - bc} \begin{pmatrix} d & -b \\ -c & a \end{pmatrix} \quad \in M(2, \mathbb{R}) \tag{3.1.1}$$

は A の逆行列の条件

$$AB = BA = E_2 = \begin{pmatrix} 1 & 0 \\ 0 & 1 \end{pmatrix}$$

を満たすことが直ちにチェックできる.

問 3.1.4 これをチェックせよ.

すなわち B は A の逆行列 A^{-1} であり,A は正則（可逆）である.

問 3.1.5 以下の行列の逆行列を求めよ

$$A = \begin{pmatrix} 2 & 5 \\ 1 & 3 \end{pmatrix}, \qquad B = \begin{pmatrix} 4 & -5 \\ -2 & 3 \end{pmatrix}.$$

問 3.1.6 2 次の正方行列 $A, B \in M(2, \mathbb{R})$ に対して等式

$$\det(AB) = (\det A)(\det B)$$

が成り立つことを示せ.

問 3.1.6 および $\det E_2 = 1$ より,2 次の正方行列 $A \in M(2, \mathbb{R})$ が正則（可逆）であることと $\det A \neq 0$ であることは同値である.

以下 n 次元ユークリッド空間

$$\mathbb{R}^n = \{(x_1, x_2, \ldots, x_n) \mid x_i \in \mathbb{R} \ \ (i = 1, 2, \ldots, n)\}$$

の各点（元）$x = (x_1, x_2, \ldots, x_n)$ を縦ベクトル

$$\vec{x} = \begin{pmatrix} x_1 \\ x_2 \\ \vdots \\ x_n \end{pmatrix}$$

24   第3章 写像の例1（行列による一次変換）

と同一視しよう．つまり $\vec{x}$ は点 x の位置ベクトルであるとする．このとき $\mathbb{R}^n$ の2点（元）$\vec{x} = {}^t(x_1, \ldots, x_n), \vec{y} = {}^t(y_1, \ldots, y_n) \in \mathbb{R}^n$ の和 $\vec{x} + \vec{y} \in \mathbb{R}^n$ をベクトルとしての和（成分ごとの和）を用いて

$$\vec{x} + \vec{y} = \begin{pmatrix} x_1 + y_1 \\ x_2 + y_2 \\ \vdots \\ x_n + y_n \end{pmatrix} \in \mathbb{R}^n$$

と定義しよう．これは写像 $\mathbb{R}^n \times \mathbb{R}^n \longrightarrow \mathbb{R}^n, (\vec{x}, \vec{y}) \longmapsto \vec{x} + \vec{y}$ を定める．また $\mathbb{R}^n$ の点（元）$\vec{x} = {}^t(x_1, \ldots, x_n)$ と実数 $\lambda \in \mathbb{R}$ に対して $\vec{x}$ の λ 倍 $\lambda\vec{x} \in \mathbb{R}^n$ を

$$\lambda\vec{x} = \begin{pmatrix} \lambda x_1 \\ \lambda x_2 \\ \vdots \\ \lambda x_n \end{pmatrix} \in \mathbb{R}^n$$

と定義する．ここで m 行 n 列の行列

$$A = (a_{ij})_{1 \le i \le m, 1 \le j \le n} = \begin{pmatrix} a_{11} & a_{12} & \ldots & a_{1n} \\ a_{21} & a_{22} & \ldots & a_{2n} \\ \vdots & \vdots & \ddots & \vdots \\ a_{m1} & a_{m2} & \ldots & a_{mn} \end{pmatrix} \in M(m, n, \mathbb{R})$$

$(a_{ij} \in \mathbb{R})$ を考えよう．すると行列 A により次の自然な写像が定まる：

$$f_A : \mathbb{R}^n \longrightarrow \mathbb{R}^m, \qquad \vec{x} \longmapsto A\vec{x}.$$

写像 f_A について次が成り立つ：

$$f_A(\vec{x} + \vec{y}) = A(\vec{x} + \vec{y}) = A\vec{x} + A\vec{y} = f_A(\vec{x}) + f_A(\vec{y}),$$
$$f_A(\lambda\vec{x}) = A(\lambda\vec{x}) = \lambda A\vec{x} = \lambda f_A(\vec{x}).$$

すなわち f_A は次の定義における線形写像である．

3.1 行列と一次変換 **25**

定義 3.1.1 写像 $f : \mathbb{R}^n \longrightarrow \mathbb{R}^m$ が**線形写像**であるとは,以下の 2 つの条件を満たすことである:

(1) $f(\vec{x} + \vec{y}) = f(\vec{x}) + f(\vec{y})$ $\quad$ $(\vec{x}, \vec{y} \in \mathbb{R}^n)$,

(2) $f(\lambda \vec{x}) = \lambda f(\vec{x})$ $\quad\quad$ $(\lambda \in \mathbb{R}, \ \vec{x} \in \mathbb{R}^n)$.

$f_A : \mathbb{R}^n \longrightarrow \mathbb{R}^m$ を行列 A による線形写像と呼ぶ.以下の命題にあるように,逆に任意の線形写像 $f : \mathbb{R}^n \longrightarrow \mathbb{R}^m$ はある m 行 n 列の行列 A を用いて $f = f_A$ とかける.

<u>命題 3.1.1</u> $f : \mathbb{R}^n \longrightarrow \mathbb{R}^m$ を線形写像とする.このとき,ある m 行 n 列の行列 A が存在して(写像としての)等式 $f = f_A$ が成り立つ.

証明 $\mathbb{R}^n$ の標準ベクトル(基底)

$$
\vec{e_1} = \begin{pmatrix} 1 \\ 0 \\ \vdots \\ 0 \end{pmatrix}, \quad \vec{e_2} = \begin{pmatrix} 0 \\ 1 \\ \vdots \\ 0 \end{pmatrix}, \quad \cdots \quad , \vec{e_n} = \begin{pmatrix} 0 \\ 0 \\ \vdots \\ 1 \end{pmatrix} \in \mathbb{R}^n
$$

を考えよう.このとき $\mathbb{R}^n$ の任意の元 $\vec{x} = {}^t(x_1, \ldots, x_n) \in \mathbb{R}^n$ は

$$
\vec{x} = \begin{pmatrix} x_1 \\ x_2 \\ \vdots \\ x_n \end{pmatrix} = x_1 \begin{pmatrix} 1 \\ 0 \\ \vdots \\ 0 \end{pmatrix} + \cdots\cdots + x_n \begin{pmatrix} 0 \\ 0 \\ \vdots \\ 1 \end{pmatrix} = \sum_{j=1}^{n} x_j \vec{e_j}
$$

のように $\vec{e_j}$ たちの和(線形結合)に分解する.よって写像 $f : \mathbb{R}^n \longrightarrow \mathbb{R}^m$ の線形性により

$$
f(\vec{x}) = f\Big(\sum_{j=1}^{n} x_j \vec{e_j} \Big) = \sum_{j=1}^{n} x_j f(\vec{e_j})
$$

が成り立つ.すなわち点 $\vec{x} \in \mathbb{R}^n$ の f による像(行き先)$f(\vec{x}) \in \mathbb{R}^m$ は $\vec{a_j} := f(\vec{e_j}) \in \mathbb{R}^m$ たちの和(線形結合)としてかくことができる.これらの縦ベクトルを列ベクトルとしてもつ m 行 n 列の行列 A を考えよう:

26   第 3 章　写像の例 1（行列による一次変換）

$$A = (\vec{a_1}, \vec{a_2}, \ldots, \vec{a_n}) \quad \in M(m, n, \mathbb{R}).$$

すると

$$f_A(\vec{e_j}) = A\vec{e_j} = \vec{a_j} = f(\vec{e_j})$$

がすべての $1 \leq j \leq n$ に対して成り立つ（等式 $A\vec{e_j} = \vec{a_j}$ が成り立つことを各自チェックせよ）．写像 $f_A : \mathbb{R}^n \longrightarrow \mathbb{R}^m$ も線形なので，これより等式

$$f(\vec{x}) = \sum_{j=1}^{n} x_j f(\vec{e_j}) = \sum_{j=1}^{n} x_j f_A(\vec{e_j}) = f_A(\vec{x})$$

が従う．これはすべての $\vec{x} \in \mathbb{R}^n$ に対して成り立つので，写像の等式 $f = f_A$ が得られた． □

　ここからは，特に $m = n$ の場合を考えよう．このとき n 次正方行列 $A = (a_{ij})_{1 \leq i, j \leq n}$ による線形写像 $f_A : \mathbb{R}^n \longrightarrow \mathbb{R}^n$ は $\mathbb{R}^n$ から $\mathbb{R}^n$ 自身への写像である．そこで，f_A を行列 A による**一次変換**もしくは**線形変換**と呼ぶ．2 つの n 次正方行列 A, B に対して

$$f_{AB}(\vec{x}) = (AB)\vec{x} = A(B\vec{x}) = f_A(f_B(\vec{x})) = (f_A \circ f_B)(\vec{x}) \quad (\vec{x} \in \mathbb{R}^n).$$

すなわち写像の等式 $f_{AB} = f_A \circ f_B$ が成り立つ．つまり n 次正方行列の積は一次変換の合成と対応している．また単位行列 E_n による一次変換 $f_{E_n} : \mathbb{R}^n \longrightarrow \mathbb{R}^n$ は $\mathbb{R}^n$ の恒等写像 $\mathrm{id}_{\mathbb{R}^n}$ であることも明らかであろう．したがって，正則（可逆）な n 次正方行列 A に対しては，$A^{-1}A = AA^{-1} = E_n$ より写像の等式

$$f_{A^{-1}} \circ f_A = f_A \circ f_{A^{-1}} = f_{E_n} = \mathrm{id}_{\mathbb{R}^n}$$

が成り立ち，系 2.1.1 より $f_A : \mathbb{R}^n \longrightarrow \mathbb{R}^n$ が全単射であることがわかる．

3.2　2 次元の一次変換

　以下 $m = n = 2$ の場合をより詳しく見ていこう．この場合 A は次の形の 2 次正方行列である：

$$A = \begin{pmatrix} a & b \\ c & d \end{pmatrix} \quad (a, b, c, d \in \mathbb{R}).$$

また2次元ユークリッド空間 $\mathbb{R}^2 = \{(x,y) \mid x,y \in \mathbb{R}\}$ を自然に xy 平面と同一視する．このとき行列 A による一次変換 $f_A : \mathbb{R}^2 \longrightarrow \mathbb{R}^2$ は

$$\vec{v} = \begin{pmatrix} x \\ y \end{pmatrix} \longmapsto f_A(\vec{v}) = \begin{pmatrix} a & b \\ c & d \end{pmatrix} \begin{pmatrix} x \\ y \end{pmatrix} = \begin{pmatrix} ax + by \\ cx + dy \end{pmatrix}$$

で与えられる xy 平面から xy 平面自身への写像になる．f_A により原点 $(0,0) \in \mathbb{R}^2$ はそれ自身に，点 $(1,0) \in \mathbb{R}^2$ （点 $(0,1) \in \mathbb{R}^2$）は A の第1列（第2列）の列ベクトルと対応する点 $(a,c) \in \mathbb{R}^2$ （点 $(b,d) \in \mathbb{R}^2$）に移される：

$$\begin{pmatrix} a & b \\ c & d \end{pmatrix} \begin{pmatrix} 1 \\ 0 \end{pmatrix} = \begin{pmatrix} a \\ c \end{pmatrix}, \quad \begin{pmatrix} a & b \\ c & d \end{pmatrix} \begin{pmatrix} 0 \\ 1 \end{pmatrix} = \begin{pmatrix} b \\ d \end{pmatrix}.$$

一般の点 $(x,y) \in \mathbb{R}^2$ の f_A による行き先は，次のようにかける：

$$\begin{pmatrix} a & b \\ c & d \end{pmatrix} \begin{pmatrix} x \\ y \end{pmatrix} = \begin{pmatrix} ax + by \\ cx + dy \end{pmatrix} = x \begin{pmatrix} a \\ c \end{pmatrix} + y \begin{pmatrix} b \\ d \end{pmatrix}.$$

このことは，$\mathbb{R}^2$ の標準ベクトル（基底）

$$\vec{e_1} = \begin{pmatrix} 1 \\ 0 \end{pmatrix}, \quad \vec{e_2} = \begin{pmatrix} 0 \\ 1 \end{pmatrix}$$

および f_A の線形性を用いて次のようにも示せる：

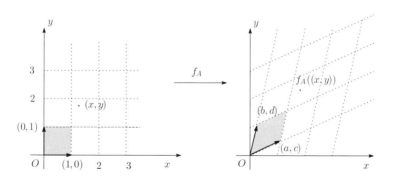

$$f_A\left(\begin{pmatrix} x \\ y \end{pmatrix}\right) = f_A(x\overrightarrow{e_1} + y\overrightarrow{e_2}) = xf_A(\overrightarrow{e_1}) + yf_A(\overrightarrow{e_2}) = x\begin{pmatrix} a \\ c \end{pmatrix} + y\begin{pmatrix} b \\ d \end{pmatrix}. \tag{3.2.1}$$

この様子を図示すると前のページのようになる．

▶ **例 3.2.1** （拡大縮小）次の対角行列を考えよう：

$$T_{\lambda_1,\lambda_2} = \begin{pmatrix} \lambda_1 & 0 \\ 0 & \lambda_2 \end{pmatrix} \quad (\lambda_1, \lambda_2 \in \mathbb{R}).$$

このとき T_{λ_1,λ_2} は xy 平面上の一次変換 $f_{T_{\lambda_1,\lambda_2}}$：

$$\begin{pmatrix} x \\ y \end{pmatrix} \longmapsto \begin{pmatrix} \lambda_1 x \\ \lambda_2 y \end{pmatrix}$$

を定める．これは xy 平面の x 軸方向に λ_1 倍，y 軸方向に λ_2 倍の拡大（縮小）をする写像である．

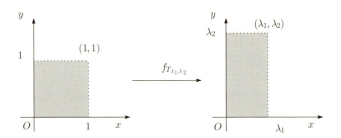

▶ **例 3.2.2** （回転）次の行列を考えよう：

$$R_\theta = \begin{pmatrix} \cos\theta & -\sin\theta \\ \sin\theta & \cos\theta \end{pmatrix} \quad (\theta \in \mathbb{R}). \tag{3.2.2}$$

このとき R_θ は xy 平面上の一次変換 f_{R_θ}：

$$\begin{pmatrix} x \\ y \end{pmatrix} \longmapsto x\begin{pmatrix} \cos\theta \\ \sin\theta \end{pmatrix} + y\begin{pmatrix} -\sin\theta \\ \cos\theta \end{pmatrix} \tag{3.2.3}$$

を定める．これは xy 平面において正の向き（反時計回り）に θ ラジアンの回転を行う一次変換である．

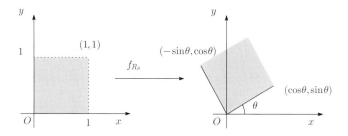

R_θ を**回転行列**と呼ぶ．R_θ の逆行列を計算すると，それは $-\theta$ ラジアンの回転を表す回転行列 $R_{-\theta}$ と一致する：

$$R_\theta^{-1} = \begin{pmatrix} \cos\theta & \sin\theta \\ -\sin\theta & \cos\theta \end{pmatrix} = \begin{pmatrix} \cos(-\theta) & -\sin(-\theta) \\ \sin(-\theta) & \cos(-\theta) \end{pmatrix} = R_{-\theta}. \quad (3.2.4)$$

問 3.2.1 R_θ を (3.2.2) で定義された回転行列とする．このとき，$R_{\theta_1} R_{\theta_2} = R_{\theta_1+\theta_2}$ となることを示せ．

▶**例 3.2.3**（鏡映）xy 平面の原点 $(0,0) \in \mathbb{R}^2$ を通り傾き θ（ラジアン）をもつ直線

$$\ell: y = (\tan\theta) \cdot x \quad (3.2.5)$$

を考えよう．xy 平面 $\mathbb{R}^2$ の点 $(x,y) \in \mathbb{R}^2$ に対して，それと直線 ℓ に関して線対称な点 $(x',y') \in \mathbb{R}^2$ を対応させる写像 $f: \mathbb{R}^2 \longrightarrow \mathbb{R}^2$ は線形写像であることがチェックできる．したがって，ある 2 次正方行列 A を用いて $f = f_A$ とかけるはずである．以下の図により，この行列 A の第 1 列は

$$f(\vec{e_1}) = \begin{pmatrix} \cos 2\theta \\ \sin 2\theta \end{pmatrix} \in \mathbb{R}^2$$

とわかる．

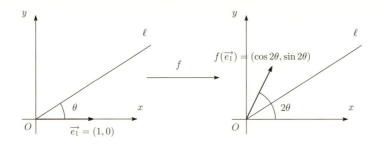

また行列 A の第 2 列は $f(\vec{e_2})$ であるが，これも簡単な計算により

$$f(\vec{e_2}) = \begin{pmatrix} \sin 2\theta \\ -\cos 2\theta \end{pmatrix} \in \mathbb{R}^2$$

と求まる．したがって

$$A = \begin{pmatrix} \cos 2\theta & \sin 2\theta \\ \sin 2\theta & -\cos 2\theta \end{pmatrix} \tag{3.2.6}$$

となる．この一次変換 $f = f_A : \mathbb{R}^2 \longrightarrow \mathbb{R}^2$ を直線 ℓ についての**鏡映**と呼ぶ．

問 3.2.2 次の各問いに答えよ．
(1) x 軸について対称移動する一次変換を表す行列 P_x を求めよ．
(2) x 軸についての対称移動と原点を中心に θ 回転との合成を利用して，直線 $y = (\tan\theta) \cdot x$ についての対称移動を表す行列 A を求めよ（結果を鏡映の行列 (3.2.6) と比較せよ）．

問 3.2.3 直線 $y = ax$（a は定数）が与えられているとする．点 (p, q) からこの直線に下ろした垂線の足の座標を求めよ．またこれを用いて，この直線への正射影（垂線の足へ写像する一次変換）を表す行列を求めよ．

上の例における回転と鏡映を表す行列は，以下の定義における直交行列である．

3.2 2次元の一次変換　31

定義 3.2.1　2次正方行列 R が**直交行列**であるとは,

$$^t R R = R\,^t R = E_2 \tag{3.2.7}$$

すなわち $R^{-1} = {}^t R$ であることである.

$R = (\vec{v_1}, \vec{v_2})$ が直交行列であれば,

$$^t R R = \begin{pmatrix} ^t \vec{v_1} \\ ^t \vec{v_2} \end{pmatrix} (\vec{v_1}, \vec{v_2}) = \begin{pmatrix} \vec{v_1} \cdot \vec{v_1} & \vec{v_1} \cdot \vec{v_2} \\ \vec{v_2} \cdot \vec{v_1} & \vec{v_2} \cdot \vec{v_2} \end{pmatrix} = \begin{pmatrix} 1 & 0 \\ 0 & 1 \end{pmatrix}$$

より, $\vec{v_1} \cdot \vec{v_1} = \vec{v_2} \cdot \vec{v_2} = 1$ および $\vec{v_1} \cdot \vec{v_2} = 0$ すなわち $\vec{v_1} \perp \vec{v_2}$ が成り立つ. よって R の2つの列ベクトルは, 互いに直交する**単位ベクトル**(長さ1のベクトル)である. 同様に $R\,^t R = E_2$ より R の2つの行ベクトルも, 互いに直交する単位ベクトルであることがわかる. したがって2次の直交行列は, 回転と鏡映の行列しかない.

問 3.2.4　2次の直交行列は回転と鏡映の行列しかないことを確認せよ.

条件 $\det A \neq 0$ が成り立つ場合は, A が正則なので $f_A : \mathbb{R}^2 \longrightarrow \mathbb{R}^2$ は全単射であった. そうでない場合には以下に述べる結果が成り立つ.

定義 3.2.2　2つの $\mathbb{R}^2$ のベクトル $\vec{a_1}$, $\vec{a_2} \in \mathbb{R}^2$ が**一次独立**であるとは, 条件

$$C_1 \vec{a_1} + C_2 \vec{a_2} = \vec{0} \ (C_1, C_2 \in \mathbb{R}) \implies C_1 = C_2 = 0$$

が成り立つことである. ベクトル $\vec{a_1}$, $\vec{a_2} \in \mathbb{R}^2$ が一次独立でないとき(すなわちある $(C_1, C_2) \neq (0,0)$ に対して等式 $C_1 \vec{a_1} + C_2 \vec{a_2} = \vec{0}$ が成り立つとき), **一次従属**であるという.

2つのベクトル $\vec{a_1}, \vec{a_2} \in \mathbb{R}^2$ の片方のベクトルが残りのベクトルの実数倍になるとき, これらは平行であるということにする. この定義によれば, $\vec{a_1}, \vec{a_2}$ のどちらか一方(あるいは両方)が零ベクトル $\vec{0}$ の場合も平行であることに注意せよ. 明らかに $\vec{a_1}, \vec{a_2} \in \mathbb{R}^2$ が一次従属であることと平行であることは同値である.

32　第 3 章　写像の例 1（行列による一次変換）

<u>命題 3.2.1</u>　2 次正方行列

$$A = \left(\begin{array}{cc} a & b \\ c & d \end{array} \right) = (\vec{a_1}, \vec{a_2}) \qquad (a, b, c, d \in \mathbb{R}).$$

について，次の 4 つの条件は互いに同値である：

(1) $\det A = ad - bc = 0$.

(2) $A = (\vec{a_1}, \vec{a_2})$ の 2 つの列ベクトル $\vec{a_1}, \vec{a_2} \in \mathbb{R}^2$ は平行である．

(3) A の 2 つの行ベクトルは平行である．

(4) あるベクトル $\vec{v} (\neq \vec{0}) \in \mathbb{R}^2$ が存在して，条件 $A\vec{v} = \vec{0}$ を満たす．

証明　(1) $\Longrightarrow$ (2): $\det A = ad - bc = 0$ とする．もし $a = b = c = d = 0$ であれば，$\vec{a_1} = \vec{a_2} = \vec{0}$ であり，これらは平行である．そこで $a \neq 0$ としよう．この場合，条件 $\det A = ad - bc = 0$ より $d = \frac{b}{a}c$ となり，等式

$$\vec{a_2} = \left(\begin{array}{c} b \\ d \end{array} \right) = \frac{b}{a} \left(\begin{array}{c} a \\ c \end{array} \right) = \frac{b}{a}\vec{a_1}$$

が成り立つ．すなわち $\vec{a_1}, \vec{a_2} \in \mathbb{R}^2$ は平行である．残りの $b \neq 0$ などの場合も同様である．

(2) $\Longrightarrow$ (1): $\vec{a_1}, \vec{a_2} \in \mathbb{R}^2$ は平行であるとする．$\vec{a_2} = \lambda\vec{a_1}$ $(\lambda \in \mathbb{R})$ としよう．この場合

$$A = \left(\begin{array}{cc} a & \lambda a \\ c & \lambda c \end{array} \right)$$

となるので，明らかに $\det A = 0$ が成り立つ．残りの $\vec{a_1} = \lambda\vec{a_2}$ $(\lambda \in \mathbb{R})$ の場合も同様である．

条件 (1) と (3) の同値性も，条件 (1) と (2) の同値性と同様にして示せる．

(2) $\Longrightarrow$ (4): $\vec{a_1}, \vec{a_2} \in \mathbb{R}^2$ が平行すなわち一次従属であれば，ある $(C_1, C_2) \neq (0, 0)$ に対して等式 $C_1\vec{a_1} + C_2\vec{a_2} = \vec{0}$ が成り立つ．よってベクトル

$$\vec{v} = \left(\begin{array}{c} C_1 \\ C_2 \end{array} \right) (\neq \vec{0}) \in \mathbb{R}^2$$

は条件 $A\vec{v} = \vec{0}$ を満たす. 以上の議論より逆向きの主張 (4) $\implies$ (2) も明らかである. $\qquad\square$

この命題の条件 (2) より, $\det A = 0$ の場合は $f_A : \mathbb{R}^2 \longrightarrow \mathbb{R}^2$ は全射ではなく, その像 $f_A(\mathbb{R}^2) \subset \mathbb{R}^2$ は $\mathbb{R}^2$ の原点を通る直線か, 原点 1 点 $\{(0,0)\} \subset \mathbb{R}^2$ であることがわかる. また条件 (4) および $A\vec{0} = \vec{0}$ より, f_A が単射でないこともわかる. つまり $\det A = 0$ であることと, f_A が全射でない (単射でない) ことは同値である. 命題 3.2.1 の条件 (1) と (2) の同値性の対偶をとることで, 2 つの $\mathbb{R}^2$ のベクトル $\vec{a_1}, \vec{a_2} \in \mathbb{R}^2$ が一次独立であることと, 行列 $A = (\vec{a_1}, \vec{a_2}) \in M(2, \mathbb{R})$ が正則であることは同値であることがわかる. これより特に次の結果が得られる.

系 3.2.1 2 つの $\mathbb{R}^2$ のベクトル $\vec{a_1}, \vec{a_2} \in \mathbb{R}^2$ は一次独立であるとする. このとき任意の $\mathbb{R}^2$ のベクトル $\vec{v} \in \mathbb{R}^2$ は, それらの一次結合 (線形結合) として表される:

$$\vec{v} = C_1 \vec{a_1} + C_2 \vec{a_2} \qquad (C_1, C_2 \in \mathbb{R}).$$

証明 仮定より $f_A : \mathbb{R}^2 \longrightarrow \mathbb{R}^2$ は全単射, 特に全射である. これより求める主張が直ちに従う. $\qquad\square$

さらに行列 A の行列式 $\det A$ は, 次のような大変重要な幾何学的な意味をもっている.

命題 3.2.2 2 次正方行列 A による一次変換 $f_A : \mathbb{R}^2 \longrightarrow \mathbb{R}^2$ により xy 平面 $\mathbb{R}^2$ 内の図形の面積は $|\det A|$ 倍される.

証明 以下の図のように, xy 平面 $\mathbb{R}^2$ 内の単位正方形は f_A により A の 2 つの列ベクトル ${}^t(a,c), {}^t(b,d) \in \mathbb{R}^2$ で生成される平行四辺形に移される:

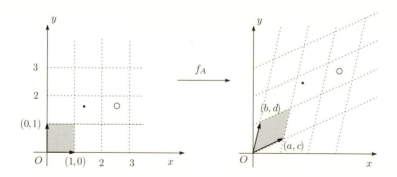

簡単な計算により，この平行四辺形の面積は $|\det A|$ であることがわかる（各自これを確認せよ）．すなわち f_A により単位正方形の面積は $|\det A|$ 倍される．xy 平面 $\mathbb{R}^2$ 内の一般の図形の場合も，その面積を細かい小正方形の面積の和で近似することにより，同様の結果を示すことができる． □

3.3 行列の固有値と対角化

行列 A による一次変換を詳しく調べるためには，次の固有値と固有ベクトルの概念が重要である．

定義 3.3.1 A は 2 次正方行列，$\lambda \in \mathbb{R}$ は実数とする．このとき λ が A の**固有値**であるとは，ある「$\vec{0}$ でない」ベクトル $\vec{v} \in \mathbb{R}^2$ が存在して条件

$$A\vec{v} = \lambda\vec{v} \quad \text{すなわち} \quad (\lambda E_2 - A)\vec{v} = \vec{0} \tag{3.3.1}$$

を満たすことである．式 (3.3.1) を満たす $\vec{v}\,(\neq \vec{0}) \in \mathbb{R}^2$ を A の固有値 λ に属する**固有ベクトル**と呼ぶ．

$\vec{v} \neq \vec{0} \in \mathbb{R}^2$ が A の固有値 λ に属する固有ベクトルであれば，その 0 でない定数倍もそうである．これらの固有ベクトルは，f_A により λ 倍されるという著しい幾何学的性質をもつ．2 次正方行列 A の固有値は次の命題により求まる．

命題 3.3.1 $\lambda \in \mathbb{R}$ が A の固有値であるための必要十分条件は，$t = \lambda$ が A の**固有方程式**

$$\det(tE_2 - A) = t^2 - (a+d)t + (ad-bc) = t^2 - (\operatorname{tr} A)\cdot t + \det A = 0 \tag{3.3.2}$$

の解であることである.

証明 固有値の定義および命題 3.2.1 から直ちに従う. □

A の固有方程式は t の 2 次式であり, その 2 つの（複素数）解 $t = \lambda_1, \lambda_2$ は（解と係数の関係により）条件 $\lambda_1 + \lambda_2 = a + d = \operatorname{tr} A$, $\lambda_1 \lambda_2 = ad - bc = \det A$ を満たす. ここで λ_1, λ_2 がともに実数であると仮定しよう. すると A の固有値 λ_1, λ_2 にそれぞれ属する固有ベクトル $\vec{v_1} \neq \vec{0}$, $\vec{v_2} \neq \vec{0} \in \mathbb{R}^2$ が存在する. さらに, これらの固有ベクトルは互いに平行ではないと仮定しよう（例えば $\lambda_1 \neq \lambda_2$ であれば, これらの固有ベクトルは平行ではないことがすぐにわかる）. このとき行列 $P = (\vec{v_1}, \vec{v_2})$ は条件 $\det P \neq 0$ を満たすので正則（可逆）である. よって

$$AP = (A\vec{v_1}, A\vec{v_2}) = (\lambda_1 \vec{v_1}, \lambda_2 \vec{v_2}) = P \begin{pmatrix} \lambda_1 & 0 \\ 0 & \lambda_2 \end{pmatrix}$$

より等式

$$P^{-1}AP = \begin{pmatrix} \lambda_1 & 0 \\ 0 & \lambda_2 \end{pmatrix}$$

が得られる. これを行列 A の正則（可逆）行列 P による**対角化**と呼ぶ. 前に例 3.2.1 で見たように右辺の対角行列

$$T_{\lambda_1, \lambda_2} = \begin{pmatrix} \lambda_1 & 0 \\ 0 & \lambda_2 \end{pmatrix}$$

は xy 平面を x 軸方向に λ_1 倍, y 軸方向に λ_2 倍に引きのばす「わかりやすい」一次変換 $f_{T_{\lambda_1, \lambda_2}}$ と対応する. 行列 A の対角化により得られる写像の等式

$$(f_P)^{-1} \circ f_A \circ f_P = f_{T_{\lambda_1, \lambda_2}}$$

は,「わかりにくい」一次変換 f_A が $\mathbb{R}^2$ の座標変換（全単射な一次変換）$f_P : \mathbb{R}^2 \longrightarrow \mathbb{R}^2$ により「わかりやすい」一次変換 $f_{T_{\lambda_1, \lambda_2}}$ に書き直せることを意味する:

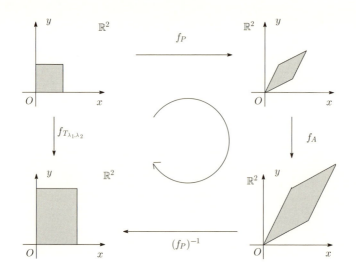

この図中の丸い矢印 ⟲ は，合成写像 $(f_P)^{-1} \circ f_A \circ f_P$ が写像 $f_{T_{\lambda_1,\lambda_2}}$ と等しいことを意味する．このような丸い矢印 ⟲ の入った図式を（写像の）**可換図式**と呼ぶ．対角化の実例を 1 つ紹介しよう．

▶ **例 3.3.1** 行列 $A = \begin{pmatrix} 0 & -1 \\ 2 & 3 \end{pmatrix}$ を対角化してみよう．まずはその固有値を求める．そのためには固有方程式 (3.3.2) を求め，その解を求めればよい：

$$\det(tE_2 - A) = \det\begin{pmatrix} t & 1 \\ -2 & t-3 \end{pmatrix} = t(t-3) + 2 = (t-2)(t-1) = 0.$$

よって $t = 1, 2$ が A の固有値である．次にそれぞれの固有値に属する固有ベクトルを求める．固有値 $t = 1$ に属する固有ベクトル $\vec{v} = {}^t(v_1, v_2) \neq \vec{0}$ は式 (3.3.1)，すなわち $(E_2 - A)\vec{v} = \vec{0}$ を満たす：

$$(E_2 - A)\vec{v} = \begin{pmatrix} 1 & 1 \\ -2 & -2 \end{pmatrix} \begin{pmatrix} v_1 \\ v_2 \end{pmatrix} = \begin{pmatrix} 0 \\ 0 \end{pmatrix}.$$

よって $\vec{v} = {}^t(v_1, v_2) \neq \vec{0}$ は，ある 0 でない実数 $k \in \mathbb{R}$ を用いて $\vec{v} = \begin{pmatrix} k \\ -k \end{pmatrix}$

とかける．特に $\vec{v} = \begin{pmatrix} 1 \\ -1 \end{pmatrix}$ とおくことができる．同様に固有値 $t = 2$ に属する

固有ベクトルも $\vec{u} = \begin{pmatrix} 1 \\ -2 \end{pmatrix}$ とおけばよい．以上により，対角化に必要な行列

$P = (\vec{v}, \vec{u})$ は，$P = \begin{pmatrix} 1 & 1 \\ -1 & -2 \end{pmatrix}$ と求まる．その逆行列は $P^{-1} = \begin{pmatrix} 2 & 1 \\ -1 & -1 \end{pmatrix}$

であり，A は P により

$$P^{-1}AP = \begin{pmatrix} 2 & 1 \\ -1 & -1 \end{pmatrix} \begin{pmatrix} 0 & -1 \\ 2 & 3 \end{pmatrix} \begin{pmatrix} 1 & 1 \\ -1 & -2 \end{pmatrix} = \begin{pmatrix} 1 & 0 \\ 0 & 2 \end{pmatrix}$$

と対角化できる．

　2 次正方行列 A が**対称行列**であるとは，${}^tA = A$ が成り立つことである．対称行列

$$A = \begin{pmatrix} a & b \\ b & d \end{pmatrix} \qquad (a, b, d \in \mathbb{R})$$

の固有方程式は

$$t^2 - (a + d)t + (ad - b^2) = 0$$

であり，その判別式は $D = (a + d)^2 - 4(ad - b^2) = (a - d)^2 + 4b^2 \geq 0$．したがって A の 2 つの実数の固有値 $t = \lambda_1, \lambda_2 \in \mathbb{R}$ が得られる（$\lambda_1 = \lambda_2$ の可能性もある）．A の固有値 $\lambda_1 \in \mathbb{R}$ に属する長さ 1 の固有ベクトル $\vec{v_1} \neq \vec{0} \in \mathbb{R}^2$ をとり，$\vec{v_1}$ を第 1 列にもつ直交行列 $R = (\vec{v_1}, \vec{v_2})$ を 1 つ作る．ここで 2 つのベクトル $\vec{v_1}, \vec{v_2} \in \mathbb{R}^2$ は一次独立なので，系 3.2.1 によりベクトル $A\vec{v_2}$ はそれらの一次結合（線形結合）として表される：

$$A\vec{v_2} = p\vec{v_1} + q\vec{v_2} \qquad (p, q \in \mathbb{R}).$$

よって等式

$$AR = (A\vec{v_1}, A\vec{v_2}) = (\vec{v_1}, \vec{v_2}) \begin{pmatrix} \lambda_1 & p \\ 0 & q \end{pmatrix} = R \begin{pmatrix} \lambda_1 & p \\ 0 & q \end{pmatrix}$$

が成り立つ．直交行列 R は正則（可逆）で $R^{-1} = {}^tR$ なので，これは

38 第 3 章 写像の例 1 (行列による一次変換)

$$
{}^tRAR = \begin{pmatrix} \lambda_1 & p \\ 0 & q \end{pmatrix}
$$

と同値である．ところがこの左辺は ${}^t({}^tRAR) = {}^tR\,{}^tAR = {}^tRAR$ により対称行列なので $p = 0$ すなわち

$$
{}^tRAR = \begin{pmatrix} \lambda_1 & 0 \\ 0 & q \end{pmatrix} \tag{3.3.3}
$$

となる．ここで左辺の行列 ${}^tRAR$ の固有値も λ_1, λ_2 である（問 3.3.5 参照）ことに注意すると，$q = \lambda_2$ となり次の A の対角化を得る：

$$
{}^tRAR = \begin{pmatrix} \lambda_1 & 0 \\ 0 & \lambda_2 \end{pmatrix}.
$$

以上の結果をまとめると次の定理になる．

定理 3.3.1 2 次の対称行列は 2 つの実数の固有値をもち，直交行列により対角化される．

より一般の n 次正方行列についても直交行列や対称行列が同様に定義され，この定理とまったく同様の結果（対称行列の直交行列による対角化）が成り立つ（[14, 定理 11.1.3], [15, 定理 7.7] など参照）．

問 3.3.1 次の行列を対角化せよ．

(1) $A = \begin{pmatrix} 3 & -1 \\ 2 & 0 \end{pmatrix}$,　　　　　　　　(2) $A = \begin{pmatrix} 1 & -3 \\ -3 & 1 \end{pmatrix}$.

問 3.3.2 n を自然数とする．問 3.3.1 を利用して，$A = \begin{pmatrix} 3 & -1 \\ 2 & 0 \end{pmatrix}$ の A^n を求めよ．

問 3.3.3 次の連立漸化式の一般項を求めよ．

$$
\begin{cases} x_{n+1} = 4x_n + 10y_n, & x_1 = 3, \\ y_{n+1} = -3x_n - 7y_n, & y_1 = 1. \end{cases}
$$

3.3 行列の固有値と対角化　39

問 3.3.4 次の 2 次の対称行列を直交行列を用いて対角化せよ.

(1) $A = \begin{pmatrix} 2 & 1 \\ 1 & 2 \end{pmatrix}$,　　　　　　(2) $A = \begin{pmatrix} 0 & 2 \\ 2 & 3 \end{pmatrix}$.

問 3.3.5 2 次の正方行列 A と可逆行列 P に対して, $P^{-1}AP$ と A の固有値が等しいことを示せ.

第4章

写像の例2（置換と行列式）

この章では写像の基本的な例として置換を説明し，さらにその行列式への応用を述べる.

4.1 置換

自然数 n に対して，1 から n までの n 個の数字からなる有限集合

$$\Omega = \{1, 2, 3, \ldots, n\}$$

を考えよう. Ω から Ω への全単射 $\sigma : \Omega \longrightarrow \Omega$ を（集合 Ω の，もしくは n 文字の）**置換**と呼ぶ．置換 $\sigma : \Omega \longrightarrow \Omega$ は各 $i \in \Omega = \{1, 2, \ldots, n\}$ における値 $\sigma(i) \in \Omega = \{1, 2, \ldots, n\}$ により一意的に定まるので，以後 σ を記号

$$\begin{pmatrix} 1 & 2 & 3 & \ldots & n \\ \sigma(1) & \sigma(2) & \sigma(3) & \ldots & \sigma(n) \end{pmatrix}$$

と同一視する．この σ の表現の列を適当に入れかえても結局は同じ置換（全単射写像）を表すので，例えば $n = 3$ の場合，次の等式が成り立つ：

$$\sigma = \begin{pmatrix} 1 & 2 & 3 \\ 2 & 1 & 3 \end{pmatrix} = \begin{pmatrix} 2 & 3 & 1 \\ 1 & 3 & 2 \end{pmatrix}.$$

Ω の置換（全単射写像）すべてを元とする集合を S_n と記す．すなわち

$$S_n = \{\, 置換（全単射写像）\sigma : \Omega \longrightarrow \Omega\}$$

とおく.

42   第 4 章　写像の例 2（置換と行列式）

問 4.1.1　$\sharp S_n = n!$ を示せ.

2 つの Ω の置換（全単射写像）$\sigma, \tau : \Omega \longrightarrow \Omega$ の合成により定まる Ω の置換（全単射写像）$\sigma \circ \tau : \Omega \longrightarrow \Omega$ を,（記号 $\circ$ を省略して）$\sigma\tau$ と略記する. これを置換 $\sigma, \tau \in S_n$ の積と呼ぶ. 以上により積写像

$$S_n \times S_n \longrightarrow S_n, \quad (\sigma, \tau) \longmapsto \sigma\tau = \sigma \circ \tau$$

が定まる.

▶**例 4.1.1**　$n = 5$ とし $\Omega = \{1, 2, 3, 4, 5\}$ の 2 つの置換 $\sigma, \tau \in S_5$ は次で与えられているとする：

$$\sigma = \begin{pmatrix} 1 & 2 & 3 & 4 & 5 \\ 3 & 5 & 2 & 4 & 1 \end{pmatrix}, \quad \tau = \begin{pmatrix} 1 & 2 & 3 & 4 & 5 \\ 4 & 1 & 3 & 5 & 2 \end{pmatrix}.$$

このとき合成写像 $\sigma\tau = \sigma \circ \tau \in S_5$ により $1 \in \Omega$ は $\sigma(\tau(1)) = \sigma(4) = 4 \in \Omega$ に移される. 同様に $2, 3, 4, 5 \in \Omega$ はそれぞれ $3, 2, 1, 5 \in \Omega$ に移される. よって

$$\sigma\tau = \begin{pmatrix} 1 & 2 & 3 & 4 & 5 \\ 4 & 3 & 2 & 1 & 5 \end{pmatrix}$$

となる.

Ω の恒等写像

$$e = \mathrm{id}_\Omega = \begin{pmatrix} 1 & 2 & 3 & \dots & n \\ 1 & 2 & 3 & \dots & n \end{pmatrix} \in S_n$$

を**恒等置換**と呼ぶ. このとき任意の置換 $\sigma \in S_n$ に対して $e\sigma = \sigma e = \sigma$ が成り立つ. 置換 $\sigma : \Omega \longrightarrow \Omega$ は全単射写像なので, その逆写像 $\sigma^{-1} : \Omega \longrightarrow \Omega$ も全単射写像であり置換 $\sigma^{-1} \in S_n$ を定める. これを σ の**逆置換**と呼ぶ. 明らかに $\sigma^{-1}\sigma = \sigma\sigma^{-1} = e$ が成り立つ. また $(\sigma\tau)^{-1} = \tau^{-1}\sigma^{-1}$ が成り立つ.

▶**例 4.1.2**　$n = 5$ とし $\Omega = \{1, 2, 3, 4, 5\}$ の置換

$$\sigma = \begin{pmatrix} 1 & 2 & 3 & 4 & 5 \\ 2 & 4 & 1 & 5 & 3 \end{pmatrix} \in S_5$$

を考えよう. このとき σ の逆置換 $\sigma^{-1} \in S_5$ は, σ の表現の第1行と第2行を交換して列を入れかえることにより

$$\sigma^{-1} = \begin{pmatrix} 2 & 4 & 1 & 5 & 3 \\ 1 & 2 & 3 & 4 & 5 \end{pmatrix} = \begin{pmatrix} 1 & 2 & 3 & 4 & 5 \\ 3 & 1 & 5 & 2 & 4 \end{pmatrix} \in S_5$$

と計算される.

補題 4.1.1 逆置換をとることで得られる写像 $\Phi : S_n \longrightarrow S_n, \sigma \longmapsto \sigma^{-1}$ は全単射である.

証明 置換 $\sigma \in S_n$ に対して $\sigma\sigma^{-1} = \sigma^{-1}\sigma = \mathrm{id}_\Omega = e$ が成り立つ. これより $(\sigma^{-1})^{-1} = \sigma$ がわかる. よって任意の置換 $\sigma \in S_n$ に対して $\Phi(\sigma^{-1}) = (\sigma^{-1})^{-1} = \sigma$ が成り立つ. これは Φ が全射であることを意味する. 次に Φ の単射性を証明しよう. $\Phi(\sigma) = \Phi(\tau)$ すなわち $\sigma^{-1} = \tau^{-1}$ であるとしよう. このとき $\sigma = (\sigma^{-1})^{-1} = (\tau^{-1})^{-1} = \tau$ が成り立つ. $\qquad\square$

上の証明で使った等式 $(\sigma^{-1})^{-1} = \sigma$ は, 実は写像の等式 $\Phi \circ \Phi = \mathrm{id}_{S_n}$ を意味している. よって命題 2.1.1 より Φ が全単射であることが直ちに従う.

補題 4.1.2 置換 $\sigma \in S_n$ を固定する. このとき σ による積により得られる写像 $m_\sigma : S_n \longrightarrow S_n, \tau \longmapsto \sigma\tau$ は全単射である.

証明 任意の置換 $\tau \in S_n$ に対して $m_\sigma(\sigma^{-1}\tau) = \sigma(\sigma^{-1}\tau) = (\sigma\sigma^{-1})\tau = e\tau = \tau$ が成り立つ. これは m_σ が全射であることを意味する. 次に m_σ の単射性を証明しよう. $m_\sigma(\tau_1) = m_\sigma(\tau_2)$ すなわち $\sigma\tau_1 = \sigma\tau_2$ であるとしよう. このとき $\tau_1 = \sigma^{-1}(\sigma\tau_1) = \sigma^{-1}(\sigma\tau_2) = \tau_2$ が成り立つ. $\qquad\square$

さて $n = 6$ の場合に $\Omega = \{1, 2, 3, 4, 5, 6\}$ の置換

$$\sigma = \begin{pmatrix} 1 & 2 & 3 & 4 & 5 & 6 \\ 5 & 2 & 3 & 4 & 6 & 1 \end{pmatrix} \in S_6$$

を考えよう. これは $1 \longmapsto 5 \longmapsto 6 \longmapsto 1 \longmapsto 5 \longmapsto \cdots$ と $1, 5, 6$ の3文字を1つずつ巡回的にずらす置換であり, 他の文字は動かさない. したがって σ を

$$\sigma = (1, 5, 6) = (5, 6, 1) = (6, 1, 5)$$

44   第 4 章　写像の例 2（置換と行列式）

と略記する．このような置換を**巡回置換**と呼ぶ．以下の例からも明らかなように，任意の置換は有限個の巡回置換の積になる．

▶**例 4.1.3**　$n = 7$ の場合に $\Omega = \{1,2,3,4,5,6,7\}$ の置換

$$\sigma = \begin{pmatrix} 1 & 2 & 3 & 4 & 5 & 6 & 7 \\ 4 & 5 & 6 & 7 & 2 & 3 & 1 \end{pmatrix} \in S_7$$

を考えよう．これは Ω の要素を $1 \longmapsto 4 \longmapsto 7 \longmapsto 1 \longmapsto \cdots, 2 \longmapsto 5 \longmapsto 2 \longmapsto \cdots, 3 \longmapsto 6 \longmapsto 3 \longmapsto \cdots$ と巡回的に移す．したがって

$$\sigma = (1,4,7)(2,5)(3,6)$$

と 3 つの巡回置換 $\tau_1 = (1,4,7)$, $\tau_2 = (2,5)$, $\tau_3 = (3,6)$ の積にかける．これらは共通の文字を含まないので互いに可換，すなわち任意の $1 \le i, j \le 3$ に対して $\tau_i \tau_j = \tau_j \tau_i$ が成り立つ．よって順番を入れかえて

$$\sigma = (3,6)(2,5)(1,4,7)$$

とかくこともできる．

巡回置換 $\sigma = (i_1, i_2, \ldots, i_k) \in S_n$ に対して，k を σ の**長さ**と呼ぶ．特に長さが 2 の巡回置換を**互換**と呼ぶ．長さが k の巡回置換 $\sigma = (i_1, i_2, \ldots, i_k) \in S_n$ は，

$$\sigma = (i_1, i_2, \ldots, i_k) = (i_1, i_2)(i_2, i_3) \cdots (i_{k-1}, i_k)$$

と $k - 1$ 個の互換の積にかけることが簡単な計算によりわかる．したがって，任意の置換 $\sigma \in S_n$ もいくつかの互換の積にかける．

問 4.1.2　上に述べた等式

$$(i_1, i_2, \ldots, i_k) = (i_1, i_2)(i_2, i_3) \cdots (i_{k-1}, i_k)$$

を示せ．

4.2　行列式への応用

置換の行列式への応用を述べよう．次の定理は行列式を定義する際に非常に

4.2 行列式への応用　45

重要な役割を演じる.

定理 4.2.1 置換を互換の積として表示するとき，その個数が偶数であるか奇数
であるかは，その表示の仕方によらない.

この定理の証明はやや複雑なので，まずはその応用を述べよう（証明はこの章の
最後の節にある）．置換 $\sigma \in S_n$ を互換 $\tau_1, \tau_2, \ldots, \tau_k$ の積として $\sigma = \tau_1 \tau_2 \cdots \tau_k$
と表示するとき，整数

$$\operatorname{sgn} \sigma := (-1)^k \in \{\pm 1\}$$

は上の定理によりその表示の仕方によらない．これを置換 $\sigma \in S_n$ の**符号**と呼ぶ.
置換 $\sigma, \tau \in S_n$ の積 $\sigma\tau \in S_n$ に対して，明らかに $\operatorname{sgn}(\sigma\tau) = (\operatorname{sgn} \sigma) \cdot (\operatorname{sgn} \tau)$
が成り立つ．また $\operatorname{sgn}(\sigma^{-1}) = \operatorname{sgn} \sigma$ が成り立つ（互換 τ に対して $\tau^{-1} = \tau$ で
あることを用いれば，この事実は容易に示せる）.

定義 4.2.1 n 次正方行列

$$A = (a_{ij})_{1 \le i,j \le n} = \begin{pmatrix} a_{11} & a_{12} & \ldots & a_{1n} \\ a_{21} & a_{22} & \ldots & a_{2n} \\ \vdots & \vdots & \ddots & \vdots \\ a_{n1} & a_{n2} & \ldots & a_{nn} \end{pmatrix} \in M(n, \mathbb{R})$$

の**行列式** $\det A$ を次で定める：

$$\det A = \sum_{\sigma \in S_n} (\operatorname{sgn} \sigma)\, a_{1\sigma(1)} a_{2\sigma(2)} \cdots a_{n\sigma(n)}. \tag{4.2.1}$$

▶例 4.2.1　2 次正方行列

$$A = \begin{pmatrix} a & b \\ c & d \end{pmatrix} = \begin{pmatrix} a_{11} & a_{12} \\ a_{21} & a_{22} \end{pmatrix}$$

に対して S_2 の置換は $\sigma_1 = \begin{pmatrix} 1 & 2 \\ 1 & 2 \end{pmatrix}$, $\sigma_2 = \begin{pmatrix} 1 & 2 \\ 2 & 1 \end{pmatrix}$ の 2 つであり, $\operatorname{sgn} \sigma_1 = 1$,

46   第 4 章　写像の例 2（置換と行列式）

$\operatorname{sgn}\sigma_2 = -1$ であるから

$$\det A = \sum_{\sigma \in S_2}(\operatorname{sgn}\sigma)a_{1\sigma(1)}a_{2\sigma(2)} = (\operatorname{sgn}\sigma_1)a_{11}a_{22} + (\operatorname{sgn}\sigma_2)a_{12}a_{21}$$
$$= a_{11}a_{22} - a_{12}a_{21} = ad - bc$$

が成り立つ.

▶例 4.2.2　3 次正方行列

$$A = \begin{pmatrix} a_{11} & a_{12} & a_{13} \\ a_{21} & a_{22} & a_{23} \\ a_{31} & a_{32} & a_{33} \end{pmatrix}$$

に対して, $\det A$ を求めてみよう. S_3 の置換は

$$\sigma_1 = \begin{pmatrix} 1 & 2 & 3 \\ 1 & 2 & 3 \end{pmatrix}, \ \sigma_2 = \begin{pmatrix} 1 & 2 & 3 \\ 1 & 3 & 2 \end{pmatrix}, \ \sigma_3 = \begin{pmatrix} 1 & 2 & 3 \\ 2 & 1 & 3 \end{pmatrix},$$
$$\sigma_4 = \begin{pmatrix} 1 & 2 & 3 \\ 2 & 3 & 1 \end{pmatrix}, \ \sigma_5 = \begin{pmatrix} 1 & 2 & 3 \\ 3 & 1 & 2 \end{pmatrix}, \ \sigma_6 = \begin{pmatrix} 1 & 2 & 3 \\ 3 & 2 & 1 \end{pmatrix}$$

の計 6 個ある. それぞれの符号を調べれば, $\operatorname{sgn}\sigma_1, \operatorname{sgn}\sigma_4, \operatorname{sgn}\sigma_5$ は 1, $\operatorname{sgn}\sigma_2$, $\operatorname{sgn}\sigma_3, \operatorname{sgn}\sigma_6$ は -1 であることがわかる. よって行列式の定義式より

$$\det A = (\operatorname{sgn}\sigma_1)a_{11}a_{22}a_{33} + (\operatorname{sgn}\sigma_2)a_{11}a_{23}a_{32} + (\operatorname{sgn}\sigma_3)a_{12}a_{21}a_{33}$$
$$\quad + (\operatorname{sgn}\sigma_4)a_{12}a_{23}a_{31} + (\operatorname{sgn}\sigma_5)a_{13}a_{21}a_{32} + (\operatorname{sgn}\sigma_6)a_{13}a_{22}a_{31}$$
$$= a_{11}a_{22}a_{33} - a_{11}a_{23}a_{32} - a_{12}a_{21}a_{33}$$
$$\quad + a_{12}a_{23}a_{31} + a_{13}a_{21}a_{32} - a_{13}a_{22}a_{31}$$

が成り立つ.

注意 4.2.1　3 次の正方行列については, 下の図のような行列式の覚え方が知られている（**サラスの公式**）. つまりこの図の実線で結ばれている 3 項の積の符号を ＋, 点線で結ばれている 3 項の積の符号を － とした場合, それらの和が求め

る行列式の値である．しかしながら，4次以上の正方行列の行列式については，このような覚えやすい公式は存在しない．

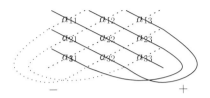

置換 $\sigma \in S_n$ に対して $\mathrm{sgn}(\sigma^{-1}) = \mathrm{sgn}\,\sigma$ が成り立つことを用いると，上の行列式 $\det A$ の定義は次のように書き直すこともできる：

$$\det A = \sum_{\sigma \in S_n} (\mathrm{sgn}\,\sigma) a_{\sigma^{-1}(1)1} a_{\sigma^{-1}(2)2} \cdots a_{\sigma^{-1}(n)n}$$
$$= \sum_{\tau \in S_n} (\mathrm{sgn}\,\tau)\ a_{\tau(1)1} a_{\tau(2)2} \cdots a_{\tau(n)n}.$$

ここで第1の等式では，各 σ に対して積 $a_{1\sigma(1)} a_{2\sigma(2)} \cdots a_{n\sigma(n)}$ の順番を入れかえた．また第2の等式では，補題 4.1.1 を用いて $\sigma^{-1} = \tau$ とおいて式を変形した．

<u>命題 4.2.1</u>　n 次正方行列 $A = (a_{ij})_{1 \leq i,j \leq n}$ の転置行列 ${}^t\!A$ に対して等式 $\det {}^t\!A = \det A$ が成り立つ．

証明　${}^t\!A = (b_{ij})_{1 \leq i,j \leq n}$ とおくと，$b_{ij} = a_{ji}\ (1 \leq i,j \leq n)$ が成り立つ．したがって等式

$$\det {}^t\!A = \sum_{\sigma \in S_n} \mathrm{sgn}\,\sigma\ b_{1\sigma(1)} b_{2\sigma(2)} \cdots b_{n\sigma(n)}$$
$$= \sum_{\sigma \in S_n} \mathrm{sgn}\,\sigma\ a_{\sigma(1)1} a_{\sigma(2)2} \cdots a_{\sigma(n)n} = \det A$$

が得られる． □

<u>命題 4.2.2</u>　$A = (a_{ij})_{1 \leq i,j \leq n}$ は n 次正方行列とする．
(1) A のある2つの列を交換してできる n 次正方行列を $B = (b_{ij})_{1 \leq i,j \leq n}$ と

48　第 4 章　写像の例 2（置換と行列式）

おく．このとき $\det B = -\det A$ が成り立つ．

(2) A のある 2 つの行を交換してできる n 次正方行列を $C = (c_{ij})_{1 \le i,j \le n}$ とおく．このとき $\det C = -\det A$ が成り立つ．

証明　(1)：B は A の第 p 列と第 q 列 $(1 \le p < q \le n)$ を交換してできたとする．$\tau = (p,q) \in S_n$ とおく．このとき

$$b_{ij} = a_{i\tau(j)} \qquad (1 \le i,j \le n)$$

が成り立つ．したがって次の等式を得る：

$$\begin{aligned}
\det B &= \sum_{\sigma \in S_n} \operatorname{sgn} \sigma \, b_{1\sigma(1)} b_{2\sigma(2)} \cdots b_{n\sigma(n)} \\
&= \sum_{\sigma \in S_n} \operatorname{sgn} \sigma \, a_{1\tau\sigma(1)} a_{2\tau\sigma(2)} \cdots a_{n\tau\sigma(n)} \\
&= \sum_{\rho \in S_n} \operatorname{sgn}(\tau^{-1}\rho) \, a_{1\rho(1)} a_{2\rho(2)} \cdots a_{n\rho(n)} \\
&= \operatorname{sgn}(\tau^{-1}) \sum_{\rho \in S_n} \operatorname{sgn} \rho \, a_{1\rho(1)} a_{2\rho(2)} \cdots a_{n\rho(n)} = -\det A.
\end{aligned}$$

ここで第 3 の等式では，補題 4.1.2 を用いて $\rho = \tau\sigma \iff \sigma = \tau^{-1}\rho$ とおいて式を変形した．

(2)：(1) と同様にして証明できる（命題 4.2.1 と (1) からも直ちに従う）．　□

　この命題により，成分が同じ 2 つの列（行）をもつ n 次正方行列 A の行列式は 0 であることがわかる $(\det A = -\det A \implies \det A = 0)$．次に行列式の基本的な性質の 1 つである**多重線形性**についての命題を紹介しよう．

命題 4.2.3　行列式は各 i について，i 行の関数として線形である．すなわち，次が成り立つ：

$$\det \begin{pmatrix} a_{11} & \cdots & a_{1n} \\ \vdots & & \vdots \\ \lambda a_{i1} + \lambda' a'_{i1} & \cdots & \lambda a_{in} + \lambda' a'_{in} \\ \vdots & & \vdots \\ a_{n1} & \cdots & a_{nn} \end{pmatrix}$$

$$
= \lambda \det \begin{pmatrix} a_{11} & \dots & a_{1n} \\ \vdots & & \vdots \\ a_{i1} & \dots & a_{in} \\ \vdots & & \vdots \\ a_{n1} & \dots & a_{nn} \end{pmatrix} + \lambda' \det \begin{pmatrix} a_{11} & \dots & a_{1n} \\ \vdots & & \vdots \\ a'_{i1} & \dots & a'_{in} \\ \vdots & & \vdots \\ a_{n1} & \dots & a_{nn} \end{pmatrix}.
$$

証明 行列式の定義式に従って確かめられる. 実際,

$$
\det \begin{pmatrix} a_{11} & \dots & a_{1n} \\ \vdots & & \vdots \\ \lambda a_{i1} + \lambda' a'_{i1} & \dots & \lambda a_{in} + \lambda' a'_{in} \\ \vdots & & \vdots \\ a_{n1} & \dots & a_{nn} \end{pmatrix}
$$

$$
= \sum_{\sigma \in S_n} \operatorname{sgn} \sigma \; a_{1\sigma(1)} a_{2\sigma(2)} \dots (\lambda a_{i\sigma(i)} + \lambda' a'_{i\sigma(i)}) \dots a_{n\sigma(n)}
$$

$$
= \sum_{\sigma \in S_n} \operatorname{sgn} \sigma \; a_{1\sigma(1)} a_{2\sigma(2)} \dots \lambda a_{i\sigma(i)} \dots a_{n\sigma(n)}
$$
$$
\quad + \sum_{\sigma \in S_n} \operatorname{sgn} \sigma \; a_{1\sigma(1)} a_{2\sigma(2)} \dots \lambda' a'_{i\sigma(i)} \dots a_{n\sigma(n)}
$$

$$
= \lambda \sum_{\sigma \in S_n} \operatorname{sgn} \sigma \; a_{1\sigma(1)} a_{2\sigma(2)} \dots a_{i\sigma(i)} \dots a_{n\sigma(n)}
$$
$$
\quad + \lambda' \sum_{\sigma \in S_n} \operatorname{sgn} \sigma \; a_{1\sigma(1)} a_{2\sigma(2)} \dots a'_{i\sigma(i)} \dots a_{n\sigma(n)}
$$

$$
= \lambda \det \begin{pmatrix} a_{11} & \dots & a_{1n} \\ \vdots & & \vdots \\ a_{i1} & \dots & a_{in} \\ \vdots & & \vdots \\ a_{n1} & \dots & a_{nn} \end{pmatrix} + \lambda' \det \begin{pmatrix} a_{11} & \dots & a_{1n} \\ \vdots & & \vdots \\ a'_{i1} & \dots & a'_{in} \\ \vdots & & \vdots \\ a_{n1} & \dots & a_{nn} \end{pmatrix}
$$

と確かめられる. □

注意 4.2.2 命題 4.2.3 は行に関する線形性を示しているが，命題 4.2.1（転置行列を考えても行列式は変わらない）より列に関する線形性も成り立つことがわかる．

行列式の多重線形性により，n 次正方行列のある列（行）に別の列（行）の定数倍を加えても行列式の値は変化しない．以上の性質をうまく用いることで，定義よりもずっと簡単に行列式の計算を実行することができる（[14] などを参照）．同様に次の命題も証明できる（[14, 定理 4.8.1] など参照）．

命題 4.2.4 n 次正方行列 A, B に対して等式

$$\det(AB) = (\det A) \cdot (\det B) \tag{4.2.2}$$

が成り立つ．

A は正則（可逆）な n 次正方行列とする．このとき命題 4.2.4 により

$$1 = \det E_n = \det(AA^{-1}) = \det A \cdot \det(A^{-1})$$

となり，$\det A \neq 0$ が従う．逆に $\det A \neq 0$ であれば A の逆行列を具体的に構成することができる（[14, 定理 4.9.1] などを参照）．よって A が正則（可逆）であることと $\det A \neq 0$ であることは同値である．

問 4.2.1 行列 $A_{11} \in M(p, \mathbb{R})$, $A_{22} \in M(q, \mathbb{R})$, $A_{12} \in M(p, q, \mathbb{R})$ $(n = p + q)$ を用いて n 次正方行列 A を

$$A = \begin{pmatrix} A_{11} & A_{12} \\ O & A_{22} \end{pmatrix} \in M(n, \mathbb{R})$$

で定める．ただし $O \in M(q, p, \mathbb{R})$ は零行列とする．このとき

$$\det A = (\det A_{11})(\det A_{22})$$

が成り立つことを示せ．

4.3 発展事項（定理 4.2.1 の証明）

後回しにしていた定理 4.2.1 の証明を述べる．証明はやや難しいので初読者はとばしても差し支えない．まず次の n 変数多項式を考えよう：

$$
\begin{aligned}
f(x_1, x_2, \ldots, x_n) &= \prod_{1 \le i < j \le n} (x_j - x_i) \\
&= (x_n - x_1)(x_n - x_2) \cdots\cdots\cdots (x_n - x_{n-2})(x_n - x_{n-1}) \\
&\quad \times (x_{n-1} - x_1)(x_{n-1} - x_2) \cdots (x_{n-1} - x_{n-2}) \\
&\quad \cdots\cdots\cdots \\
&\quad \cdots\cdots \\
&\quad \times (x_2 - x_1).
\end{aligned}
$$

これを変数 $x_1, x_2, \ldots, x_n$ の**差積**と呼ぶ．置換 $\sigma \in S_n$ を f に作用させてできる新しい n 変数多項式 $\sigma(f)$ を次で定義する：

$$
\sigma(f)(x_1, \ldots, x_n) = f(x_{\sigma(1)}, \ldots, x_{\sigma(n)}) = \prod_{1 \le i < j \le n} (x_{\sigma(j)} - x_{\sigma(i)}).
$$

このとき互換 $\sigma = (n-1, n) \in S_n$ に対して $\sigma(f) = -f$ となることはすぐにわかる．この事実は一般の互換に次のように拡張できる．

補題 4.3.1 任意の互換 $\sigma = (p, q) \in S_n$ $(1 \le p < q \le n)$ に対して $\sigma(f) = -f$ が成り立つ．

証明 差積 $f(x_1, \ldots, x_n) = \displaystyle\prod_{1 \le i < j \le n} (x_j - x_i)$ の因子 $(x_j - x_i)$ のうち，f に互換 $\sigma = (p, q)$ を作用させて $\sigma(f)$ を作る過程で $(x_q - x_p)$ はその (-1) 倍の $(x_{\sigma(q)} - x_{\sigma(p)}) = (x_p - x_q) = -(x_q - x_p)$ に移る．この他に x_p か x_q のどちらか片方を含む f の因子は次の 3 通りである：

(i) $k > q$ に対する $(x_k - x_q)$ および $(x_k - x_p)$,
(ii) $q > k > p$ に対する $(x_q - x_k)$ および $(x_k - x_p)$,
(iii) $p > k$ に対する $(x_q - x_k)$ および $(x_p - x_k)$.

簡単な計算により，これら (i), (ii), (iii) のそれぞれの場合の 2 個の因子の積

52   第 4 章　写像の例 2 （置換と行列式）

に互換 $\sigma = (p, q)$ を作用させてもその積の値は変わらないことが確認できる．
よって $\sigma(f) = -f$ が得られる． $\qquad\qquad\qquad\qquad\qquad\qquad\square$

さて，2 つの置換 $\sigma, \tau \in S_n$ に対して

$$\tau(f)(x_1, \ldots, x_n) = f(x_{\tau(1)}, \ldots, x_{\tau(n)}) \qquad (4.3.1)$$

および

$$\sigma(\tau(f))(x_1, \ldots, x_n) = \tau(f)(x_{\sigma(1)}, \ldots, x_{\sigma(n)}) \qquad (4.3.2)$$

が成り立つ．よって多項式 $\sigma(\tau(f))(x_1, \ldots, x_n)$ は等式 (4.3.1) の右辺の変数
$x_{\tau(1)}, \ldots, x_{\tau(n)}$ を σ で送った $x_{\sigma\tau(1)}, \ldots, x_{\sigma\tau(n)}$ で置きかえて得られる．すな
わち等式

$$\sigma(\tau(f))(x_1, \ldots, x_n) = f(x_{\sigma\tau(1)}, \ldots, x_{\sigma\tau(n)})$$

が成り立つ．よって $\sigma(\tau(f)) = (\sigma\tau)(f)$ が成り立つ．これを用いると定理 4.2.1
の証明を以下のように完成させることができる．置換 $\sigma \in S_n$ が 2 通りの互換
の積として

$$\sigma = \tau_1 \tau_2 \cdots \tau_k = \rho_1 \rho_2 \cdots \rho_l$$

とかけたとしよう．このとき補題 4.1.2 により

$$\sigma(f) = (-1)^k f = (-1)^\ell f$$

が成り立つ．よって等式 $(-1)^k = (-1)^\ell$ が得られた．これは k と ℓ の偶奇が
一致することを示している．

注意 4.3.1 $U_+ = \{(i, j) \mid 1 \le i < j \le n\} \subset \Omega \times \Omega$ および $U_- = \{(i, j) \mid 1 \le j < i \le n\} \subset \Omega \times \Omega$ とおく．このとき置換 $\sigma \in S_n$ の**転倒
数** $0 \le t(\sigma) \le \sharp U_+ = \dfrac{n(n-1)}{2}$ を

$$t(\sigma) = \sharp\{(i, j) \in U_+ \mid (\sigma(i), \sigma(j)) \in U_-\}$$

で定義する．すると $\sigma(f)$ の定義により，$\sigma(f) = (-1)^{t(\sigma)} f$ であることが容易
にわかる．一般の置換 σ は特別な互換 $(1, 2), (2, 3), \ldots, (n-1, n)$ （**隣接互換**
と呼ぶ）たちの積として表示できるが，転倒数 $t(\sigma)$ はその積の最短の長さと一
致することが知られている．

第5章

空間図形

5.1 空間ベクトルの長さと内積

3次元のベクトル（空間ベクトル）

$$\vec{a} = \begin{pmatrix} a_1 \\ a_2 \\ a_3 \end{pmatrix}$$

を考えよう．三平方の定理を右の図の中の直角三角形 OAB に適用することで，ベクトル $\vec{a}$ の長さ $|\vec{a}|$ が以下のように求まる：

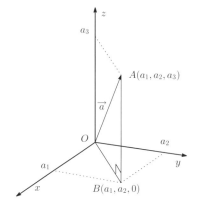

$$|\vec{a}| = \sqrt{\left(\sqrt{a_1^2 + a_2^2}\right)^2 + a_3^2}$$
$$= \sqrt{a_1^2 + a_2^2 + a_3^2}.$$

3次元ユークリッド空間 $\mathbb{R}^3$ を xyz 空間と自然に同一視し，その原点 $(0,0,0) \in \mathbb{R}^3$ を O と記す．$\mathbb{R}^3$ の点 $A(a_1, a_2, a_3)$ を始点とし，点 $B(b_1, b_2, b_3)$ を終点とするベクトル

$$\begin{pmatrix} b_1 \\ b_2 \\ b_3 \end{pmatrix} - \begin{pmatrix} a_1 \\ a_2 \\ a_3 \end{pmatrix} = \begin{pmatrix} b_1 - a_1 \\ b_2 - a_2 \\ b_3 - a_3 \end{pmatrix}$$

を $\overrightarrow{AB}$ と記す．このときベクトル $\overrightarrow{AB}$ の長さ

54　第 5 章　空間図形

$$|\overrightarrow{AB}| = \sqrt{(b_1 - a_1)^2 + (b_2 - a_2)^2 + (b_3 - a_3)^2} \tag{5.1.1}$$

は 2 点 A, B 間の距離に他ならない．また $\mathbb{R}^3$ の点 $A(a_1, a_2, a_3)$ に対してベクトル

$$\overrightarrow{OA} = \begin{pmatrix} a_1 \\ a_2 \\ a_3 \end{pmatrix}$$

を点 A の**位置ベクトル**と呼ぶ．2 つの空間ベクトル

$$\vec{a} = \begin{pmatrix} a_1 \\ a_2 \\ a_3 \end{pmatrix}, \qquad \vec{b} = \begin{pmatrix} b_1 \\ b_2 \\ b_3 \end{pmatrix}$$

の**内積** $\vec{a} \cdot \vec{b} \in \mathbb{R}$ を次で定義する：

$$\vec{a} \cdot \vec{b} = a_1 b_1 + a_2 b_2 + a_3 b_3 \in \mathbb{R}. \tag{5.1.2}$$

<u>**命題 5.1.1**</u>　空間ベクトル $\vec{a}, \vec{b}$ のなす角を θ （ラジアン）とする．このとき次が成り立つ：

$$\vec{a} \cdot \vec{b} = |\vec{a}| \cdot |\vec{b}| \cos\theta. \tag{5.1.3}$$

証明　位置ベクトルを $\vec{a}, \vec{b}$ とする $\mathbb{R}^3$ の点 $A(a_1, a_2, a_3)$, $B(b_1, b_2, b_3)$ を考えよう．すると $\mathbb{R}^3$ 内の三角形 OAB に余弦定理を適用することで等式

$$|\overrightarrow{AB}|^2 = |\overrightarrow{OA}|^2 + |\overrightarrow{OB}|^2 - 2|\overrightarrow{OA}| \cdot |\overrightarrow{OB}| \cos\theta$$

すなわち

$$(b_1 - a_1)^2 + (b_2 - a_2)^2 + (b_3 - a_3)^2 = |\vec{a}|^2 + |\vec{b}|^2 - 2|\vec{a}| \cdot |\vec{b}| \cos\theta$$

が得られる．これを整理することで，求める等式が直ちに得られる．　　□

この命題より特に次が成り立つ：

$$\vec{a} \perp \vec{b} \iff \vec{a} \cdot \vec{b} = 0. \tag{5.1.4}$$

5.2　空間ベクトルの外積，平行六面体の体積

上で考えた2つの空間ベクトル $\vec{a}, \vec{b}$ の**外積** $\vec{a} \times \vec{b}$ を次で定義する：

$$\vec{a} \times \vec{b} = \begin{pmatrix} a_2 b_3 - a_3 b_2 \\ a_3 b_1 - a_1 b_3 \\ a_1 b_2 - a_2 b_1 \end{pmatrix}. \tag{5.2.1}$$

これは，以下のように覚えてもよい．

$$\vec{a} \times \vec{b} = {}^t\!\left(\det \begin{pmatrix} a_2 & a_3 \\ b_2 & b_3 \end{pmatrix}, \det \begin{pmatrix} a_3 & a_1 \\ b_3 & b_1 \end{pmatrix}, \det \begin{pmatrix} a_1 & a_2 \\ b_1 & b_2 \end{pmatrix} \right)$$

簡単な計算により次が示せる：

$$(\vec{a} \times \vec{b}) \perp \vec{a}, \quad (\vec{a} \times \vec{b}) \perp \vec{b}. \tag{5.2.2}$$

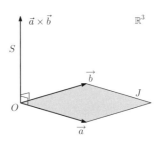

命題 5.2.1　$\vec{a}$ と $\vec{b}$ は平行でないとする．このとき，外積 $\vec{a} \times \vec{b}$ の長さ $|\vec{a} \times \vec{b}|$ はベクトル $\vec{a}, \vec{b}$ が生成する $\mathbb{R}^3$ 内の平行四辺形 J の面積 S に等しい．

証明　ベクトル $\vec{a}, \vec{b}$ のなす角を θ（ラジアン）とすると，

$$S = |\vec{a}| \cdot |\vec{b}| \cdot |\sin \theta| = \sqrt{|\vec{a}|^2 \cdot |\vec{b}|^2 - (\vec{a} \cdot \vec{b})^2} \tag{5.2.3}$$

となり，これは（簡単な計算により）$|\vec{a} \times \vec{b}|$ と等しいことが示せる． □

以上により外積 $\vec{a} \times \vec{b}$ の方向と長さはわかったが，まだその向きは2通りの可能性がある．向きは以下の左の図のように**右ねじの法則**（ベクトル $\vec{a}$ から $\vec{b}$ へ右手の親指以外の4本の指を回すとき親指が立つ向きが $\vec{a} \times \vec{b}$ の向き）により定まる．

さらにもう1つの空間ベクトル $\vec{c}$ をとり，ベクトル $\vec{a}, \vec{b}, \vec{c}$ が生成する**平行六**

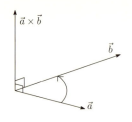 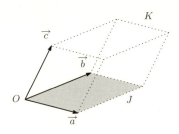

面体 K を考えよう（上の右図を参照）．すると次が成り立つ．

定理 5.2.1 平行六面体 K の体積 V は $|(\vec{a}\times\vec{b})\cdot\vec{c}|$ に等しい．

証明 ベクトル $\vec{a},\vec{b}$ が生成する $\mathbb{R}^3$ 内の平行四辺形 J の面積 S は $|\vec{a}\times\vec{b}|$ であった．またベクトル $\vec{a}\times\vec{b}$ はこの平行四辺形 J に直交しているので，それを正規化してできる単位ベクトル

$$\vec{n} = \frac{\vec{a}\times\vec{b}}{|\vec{a}\times\vec{b}|}$$

も J に直交している．したがって，この単位ベクトル $\vec{n}$ が $\vec{c}$ となす角を θ（ラジアン）とすると，平行六面体 K の底面 J からの高さ h は

$$h = |\vec{c}|\cdot|\cos\theta| = |\vec{n}|\cdot|\vec{c}|\cdot|\cos\theta| = |\vec{n}\cdot\vec{c}|$$

で与えられる．よって平行六面体 K の体積 V は次のように計算できる：

$$V = S\cdot h = |\vec{a}\times\vec{b}|\cdot|\vec{n}\cdot\vec{c}| = |\vec{a}\times\vec{b}|\left|\frac{(\vec{a}\times\vec{b})}{|\vec{a}\times\vec{b}|}\cdot\vec{c}\right| = |(\vec{a}\times\vec{b})\cdot\vec{c}|.$$

□

この定理の $(\vec{a}\times\vec{b})\cdot\vec{c}$ を $\vec{a},\vec{b},\vec{c}$ の**スカラー3重積**と呼ぶ．さらに（縦）ベクトル $\vec{a},\vec{b},\vec{c}$ を列ベクトルにもつ3次正方行列 $M = (\vec{a},\vec{b},\vec{c})$ に対して，次が容易に示せる：

$$\det M = \det(\vec{a},\vec{b},\vec{c}) = (\vec{a}\times\vec{b})\cdot\vec{c}.$$

したがって，ベクトル $\vec{a},\vec{b},\vec{c}$ が生成する平行六面体 K の体積は $\det M =$

$\det(\vec{a},\vec{b},\vec{c})$ の絶対値と等しいことがわかった．命題 **3.2.2** と同様に，これは 3 次正方行列 M による一次変換 $f_M : \mathbb{R}^3 \longrightarrow \mathbb{R}^3$ により $\mathbb{R}^3$ 内の図形の体積が $|\det M|$ 倍されることを意味する．

問 5.2.1 3 次元ベクトル $\vec{a},\vec{b},\vec{c}$ に対して，次を示せ．
(1) $(\vec{a} \times \vec{b}) \times \vec{c} = (\vec{a} \cdot \vec{c})\vec{b} - (\vec{b} \cdot \vec{c})\vec{a}$.
(2) $(\vec{a} \times \vec{b}) \times \vec{c} + (\vec{b} \times \vec{c}) \times \vec{a} + (\vec{c} \times \vec{a}) \times \vec{b} = \vec{0}$.

5.3 空間図形 1：空間内の球と平面の式

ここでは xyz 空間 $\mathbb{R}^3$ 内の様々な図形の方程式や性質を調べよう．まず $\mathbb{R}^3$ 内の点 $A(a_1,a_2,a_3) \in \mathbb{R}^3$ を中心とする半径 $r > 0$ の**球面** $S(A,r) \subset \mathbb{R}^3$ を考える．このとき点 $P(x,y,z) \in \mathbb{R}^3$ に対して次が成り立つ：

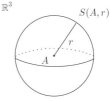

$P \in S(A,r) \iff |\overrightarrow{AP}| = r$
$\iff (x-a_1)^2 + (y-a_2)^2 + (z-a_3)^2 = r^2.$

よって球面 $S(A,r)$ の方程式

$$S(A,r): (x-a_1)^2 + (y-a_2)^2 + (z-a_3)^2 = r^2 \qquad (5.3.1)$$

が得られた．

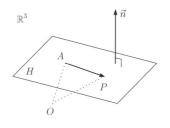

次に xyz 空間 $\mathbb{R}^3$ 内の**平面**の方程式を考えよう．平面 $H \subset \mathbb{R}^3$ は，その上の 1 点 $A(a_1,a_2,a_3) \in H$ および H に直交するベクトル

$$\vec{n} = \begin{pmatrix} n_1 \\ n_2 \\ n_3 \end{pmatrix} \neq \vec{0}$$

により一意的に定まる．このベクトル $\vec{n} \neq \vec{0}$ を平面 H の**法線ベクトル**と呼ぶ．

58   第 5 章　空間図形

点 $P(x, y, z) \in \mathbb{R}^3$ に対して次が成り立つ：

$$P \in H \iff \vec{n} \cdot \overrightarrow{AP} = 0 \iff n_1(x - a_1) + n_2(y - a_2) + n_3(z - a_3) = 0.$$

よって平面 H の方程式

$$H : n_1(x - a_1) + n_2(y - a_2) + n_3(z - a_3) = 0$$

が得られた．この式を書き直すと，$\mathbb{R}^3$ 内の平面 $H \subset \mathbb{R}^3$ の方程式は一般に

$$H : ax + by + cz + d = 0 \qquad ((a, b, c) \neq (0, 0, 0)) \tag{5.3.2}$$

の形にかける．このとき上の書きかえから $(a, b, c) = (n_1, n_2, n_3)$ とわかるので，その係数をとって得られるベクトル

$$\begin{pmatrix} a \\ b \\ c \end{pmatrix} \neq \vec{0}$$

は平面 H の法線ベクトルである（つまり H に直交している）．

▶ 例 5.3.1 xyz 空間 $\mathbb{R}^3$ 内の 3 点 $A(1, 0, 2)$, $B(2, 4, 3)$, $C(-1, 2, 1)$ を通る（ただ 1 つの）平面 $H \subset \mathbb{R}^3$ の方程式を求めてみよう．2 つのベクトル

$$\overrightarrow{AB} = \begin{pmatrix} 1 \\ 4 \\ 1 \end{pmatrix}, \qquad \overrightarrow{AC} = \begin{pmatrix} -2 \\ 2 \\ -1 \end{pmatrix}$$

はともに平面 H に平行なので，それらの外積

$$\vec{n} = \overrightarrow{AB} \times \overrightarrow{AC} = \begin{pmatrix} -6 \\ -1 \\ 10 \end{pmatrix} \neq \vec{0}$$

は H に直交する．平面 H は点 $A(1, 0, 2)$ を通り $\vec{n} \neq \vec{0}$ を法線ベクトルとするので，その方程式は次のように定まる：

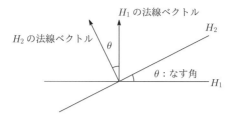

$$-6(x-1)-(y-0)+10(z-2)=0 \iff 6x+y-10z+14=0.$$

上の図からもわかるように，2平面の法線ベクトルを考えることで2平面のなす角を求めることもできる．

▶例 5.3.2 2平面 $H_1: -x+y-1=0$, $H_2: x+5y+\sqrt{6}z+1=0$ のなす角 θ $(0 \leq \theta \leq \pi/2)$ を求めよう．2平面 H_1 と H_2 のなす角 θ とそれらの法線ベクトル $\vec{n}_1, \vec{n}_2$ のなす角は等しいから法線ベクトルのなす角を求めればよい．2平面のそれぞれの法線ベクトルとして

$$\vec{n}_1 = \begin{pmatrix} -1 \\ 1 \\ 0 \end{pmatrix}, \quad \vec{n}_2 = \begin{pmatrix} 1 \\ 5 \\ \sqrt{6} \end{pmatrix}$$

をとると，$\vec{n}_1 \cdot \vec{n}_2 = 4$, $|\vec{n}_1| = \sqrt{2}$, $|\vec{n}_2| = 4\sqrt{2}$ であるから

$$\cos\theta = \frac{\vec{n}_1 \cdot \vec{n}_2}{|\vec{n}_1||\vec{n}_2|} = \frac{4}{\sqrt{2}\cdot(4\sqrt{2})} = \frac{1}{2}$$

となる．角 θ は $0 \leq \theta \leq \pi/2$ で考えているので，$\theta = \pi/3$ となる．

注意 5.3.1 法線ベクトルのとり方を逆向きにとると，θ が $0 \leq \theta \leq \pi/2$ にとれないことがある．たとえば，上の例で $\vec{n}_1 = {}^t(1,-1,0)$ ととると $\vec{n}_1 \cdot \vec{n}_2 = -4$, $|\vec{n}_1| = \sqrt{2}$, $|\vec{n}_2| = 4\sqrt{2}$ であるから

$$\cos\theta = \frac{\vec{n}_1 \cdot \vec{n}_2}{|\vec{n}_1||\vec{n}_2|} = \frac{-4}{\sqrt{2}\cdot(4\sqrt{2})} = -\frac{1}{2}$$

となり，$\theta = 2\pi/3$ となる．このとき求めるなす角は，π との差を考えることで $\pi - \theta = \pi/3$ となる．

次の $\mathbb{R}^3$ 内の点と平面の距離の公式は特に重要である．

命題 5.3.1 $\mathbb{R}^3$ 内の点 $P(p,q,r) \in \mathbb{R}^3$ および平面

$$H : ax + by + cz + d = 0 \qquad ((a,b,c) \neq (0,0,0))$$

を考える．このとき点 P と平面 H の距離 h は次の式で与えられる：

$$h = \frac{|ap + bq + cr + d|}{\sqrt{a^2 + b^2 + c^2}}. \tag{5.3.3}$$

証明 単位ベクトル

$$\vec{n} = \frac{1}{\sqrt{a^2 + b^2 + c^2}} \begin{pmatrix} a \\ b \\ c \end{pmatrix} \neq \vec{0}$$

は，平面 H の（1つの）法線ベクトルである．点 $P(p,q,r)$ を通りベクトル $\vec{n} \neq \vec{0}$ に平行な直線を ℓ とする．このとき直線 ℓ 上の点 $Q(x,y,z)$ の位置ベクトルは，ある実数パラメーター $t \in \mathbb{R}$ を用いて

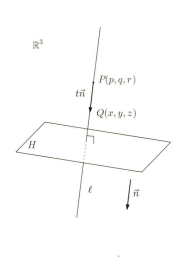

$$\begin{pmatrix} x \\ y \\ z \end{pmatrix} = \begin{pmatrix} p \\ q \\ r \end{pmatrix} + t\vec{n}$$

とかける．

$\vec{n} \neq \vec{0}$ が単位ベクトルであることより，この点 $Q(x,y,z) \in \ell$ がちょうど平面 H 上にあるときのパラメーター t の値の絶対値 $|t|$ が求める距離 h である．したがって

$$Q(x,y,z) \in H \iff ap + bq + cr + \frac{a^2 + b^2 + c^2}{\sqrt{a^2 + b^2 + c^2}} t + d = 0$$

を t について解くことで

$$h = |t| = \frac{|ap + bq + cr + d|}{\sqrt{a^2 + b^2 + c^2}}$$

が得られた. □

▶例 5.3.3 $\mathbb{R}^3$ 内の点 $A(1,2,-1) \in \mathbb{R}^3$ を中心とする半径 2 の球面

$$S(A, 2): (x-1)^2 + (y-2)^2 + (z+1)^2 = 4$$

および平面

$$H: 2x - y + 2z + 5 = 0$$

を考える. このとき球面 $S(A, 2)$ と平面 H の交わりは $\mathbb{R}^3$ 内の (傾いた) 円になるが, その半径 r を求めてみよう.

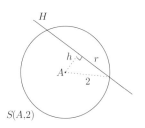

まず球面 $S(A, 2)$ の中心の点 $A(1, 2, -1)$ と平面 H の距離 h は命題 5.3.1 より,

$$h = \frac{|2 \cdot 1 + (-1) \cdot 2 + 2 \cdot (-1) + 5|}{\sqrt{2^2 + (-1)^2 + 2^2}}$$
$$= 1$$

と求まる. よって左の図の中の直角三角形に三平方の定理を適用することで, $r = \sqrt{2^2 - 1^2} = \sqrt{3}$ が得られる.

▶例 5.3.4 xyz 空間 $\mathbb{R}^3$ 内の 3 点 $A(1,0,2)$, $B(2,4,3)$, $C(-1,2,1)$ と原点 $O(0,0,0)$ を例 5.3.1 と同じようにとる. このとき四面体 $OABC$ の体積 V を求めてみよう. $\overrightarrow{AB}$ と $\overrightarrow{AC}$ のなす角を θ とすると, 三角形 ABC の面積 S は

$$S = \frac{1}{2}|\overrightarrow{AB}| \cdot |\overrightarrow{AC}| \cdot |\sin\theta| = \frac{1}{2}\sqrt{|\overrightarrow{AB}|^2|\overrightarrow{AC}|^2 - (\overrightarrow{AB} \cdot \overrightarrow{AC})^2} = \frac{1}{2}\sqrt{137}$$

である. また例 5.3.1 で求めたように 3 点 A, B, C を通る平面の方程式は $6x + y - 10z + 14 = 0$ であるので, O からこの平面に下ろした垂線の長さ h は命題 5.3.1 より

$$h = \frac{|6 \cdot 0 + 0 - 10 \cdot 0 + 14|}{\sqrt{6^2 + 1^2 + (-10)^2}} = \frac{14}{\sqrt{137}}$$

62　第 5 章　空間図形

と求まる．よって求めたい四面体 $OABC$ の体積 V は

$$V = \frac{1}{3}Sh = \frac{1}{3} \cdot \frac{\sqrt{137}}{2} \cdot \frac{14}{\sqrt{137}} = \frac{7}{3}$$

である．

注意 5.3.2 別の解法として定理 5.2.1 を用いる方法もある．四面体 $OABC$ の
体積 V は

$$\overrightarrow{OA} = \begin{pmatrix} 1 \\ 0 \\ 2 \end{pmatrix}, \qquad \overrightarrow{OB} = \begin{pmatrix} 2 \\ 4 \\ 3 \end{pmatrix}, \qquad \overrightarrow{OC} = \begin{pmatrix} -1 \\ 2 \\ 1 \end{pmatrix}$$

が生成する平行六面体の体積の $\frac{1}{6}$ であるから，

$$V = \frac{1}{6}|(\overrightarrow{OA} \times \overrightarrow{OB}) \cdot \overrightarrow{OC}| = \frac{1}{6} \left| \begin{pmatrix} -8 \\ 1 \\ 4 \end{pmatrix} \cdot \begin{pmatrix} -1 \\ 2 \\ 1 \end{pmatrix} \right| = \frac{1}{6} \cdot 14 = \frac{7}{3}$$

と求めることもできる．

5.4　空間図形 2：空間内の直線の式

最後に xyz 空間 $\mathbb{R}^3$ 内の直線を考えよう．直線は 2 つの平面の交わりとして
かくこともできるが，その上の点をパラメーター表示する方法が（もっとも一
般的で）色々な計算に便利である．$\mathbb{R}^3$ の点 $P(p,q,r)$ を通りベクトル

$$\vec{m} = \begin{pmatrix} m_1 \\ m_2 \\ m_3 \end{pmatrix} \neq \vec{0}$$

に平行な**直線** $\ell \subset \mathbb{R}^3$ を考えよう．このベクトル $\vec{m} \neq \vec{0}$ を直線 ℓ の**方向ベ
クトル**と呼ぶ．すでに命題 5.3.1 の証明中でも見たように，この直線 ℓ 上の点
$Q(x,y,z)$ の位置ベクトルは，ある実数パラメーター $t \in \mathbb{R}$ を用いて

$$
\begin{pmatrix} x \\ y \\ z \end{pmatrix} = \begin{pmatrix} p \\ q \\ r \end{pmatrix} + t \begin{pmatrix} m_1 \\ m_2 \\ m_3 \end{pmatrix} = \begin{pmatrix} p + tm_1 \\ q + tm_2 \\ r + tm_3 \end{pmatrix}
$$

とかくことができる．よって直線 ℓ のパラメーター表示

$$
\ell : \begin{pmatrix} x \\ y \\ z \end{pmatrix} = \begin{pmatrix} p + tm_1 \\ q + tm_2 \\ r + tm_3 \end{pmatrix} \qquad (t \in \mathbb{R}) \tag{5.4.1}
$$

が得られた．また，m_1, m_2, m_3 のどれも 0 でないとき，この表示を t について解いたときに得られる式

$$
\frac{x - p}{m_1} = \frac{y - q}{m_2} = \frac{z - r}{m_3}
$$

が xyz 空間 $\mathbb{R}^3$ での方向ベクトル $\vec{m} = (m_1, m_2, m_3)$ をもつ直線の式である．もし，m_1, m_2, m_3 のいずれかが 0 の場合，例えば $m_3 = 0$ の場合は方向ベクトルが $(m_1, m_2, 0)$ の直線の式は

$$
\frac{x - p}{m_1} = \frac{y - q}{m_2}, \quad z = r
$$

で与えられ，$m_2 = m_3 = 0$ の場合は，方向ベクトル $(m_1, 0, 0)$ の直線の式は

$$
y = q, \qquad z = r
$$

で与えられる．(5.4.1) で得られた直線のパラメーター表示を用いることで，以下のような基本的な問題を直ちに解決することができる．

▶ 例 5.4.1 2 平面 $x + 2y - z + 1 = 0$ と $x - 2y + 3z + 3 = 0$ の交わりは $\mathbb{R}^3$ 内の直線になるが，その直線の式を求めてみよう．2 平面の両方に含まれる点 (x, y, z) は関係式

$$
\begin{cases} x + 2y - z + 1 = 0, \\ x - 2y + 3z + 3 = 0 \end{cases}
$$

を満たす．これらの関係式からそれぞれ y, z を消去することにより $x = -z - 2$, $x = \dfrac{-2y-3}{2}$ が得られるので，求めたい直線の式は

$$x = \frac{-2y-3}{2} = -z-2$$

と求まる．またこれは $\dfrac{x}{1} = \dfrac{y+3/2}{-1} = \dfrac{z+2}{-1}$ と書き直せるので，直線の方向ベクトルは $(1, -1, -1)$ であることがわかる．

注意 5.4.1 上の例で得られた直線の表し方は他にもある．たとえば，$z = -x - 2$, $z = \dfrac{2y-1}{2}$ とも表せるので，

$$-x-2 = \frac{2y-1}{2} = z$$

ともかける．

問 5.4.1 $\mathbb{R}^3$ の点 $P(1, 0, 2)$ を通り方向ベクトル

$$\vec{m} = \begin{pmatrix} 2 \\ 3 \\ -1 \end{pmatrix} \neq \vec{0}$$

をもつ直線 ℓ と平面

$$H: 2x - y + 3z - 5 = 0$$

の交点を求めよ．

問 5.4.2 $\mathbb{R}^3$ の点 $P(2, 5, -3)$ から平面

$$H: 2x - y - 3z + 20 = 0$$

へ下ろした垂線の足 $Q \in H$ の座標を求めよ．

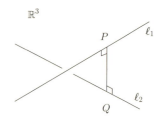

$\mathbb{R}^3$ 内の平行でない 2 直線 $\ell_1, \ell_2 \subset \mathbb{R}^3$ は条件 $\ell_1 \cap \ell_2 = \emptyset$ を満たすとき，ねじれの位置にあるという．

5.4 空間図形 2：空間内の直線の式   65

▶例 5.4.2 $\mathbb{R}^3$ 内の 2 直線 $\ell_1 : x - 1 = \dfrac{y}{2} = \dfrac{z+1}{-3}$, $\ell_2 : \dfrac{x-2}{-3} = \dfrac{y-1}{2} = z$ を考えよう．これらの直線の方向ベクトルはそれぞれ $(1, 2, -3)$, $(-3, 2, 1)$ であるので，平行ではないことがわかる．また 2 直線 ℓ_1, ℓ_2 上の点はそれぞれ

$$\begin{pmatrix} x \\ y \\ z \end{pmatrix} = \begin{pmatrix} t+1 \\ 2t \\ -3t-1 \end{pmatrix}, \quad \begin{pmatrix} x \\ y \\ z \end{pmatrix} = \begin{pmatrix} -3s+2 \\ 2s+1 \\ s \end{pmatrix} \quad (t, s \in \mathbb{R}) \qquad (5.4.2)$$

とパラメーター表示される．もし 2 直線が交点をもつとすれば，連立方程式

$$\begin{cases} t+1 = -3s+2 \\ 2t = 2s+1 \\ -3t-1 = s \end{cases}$$

は解 (t, s) をもつ．しかしながら，簡単な計算によりこれは解をもたないことがわかる．したがって 2 直線はねじれの位置にある．2 直線 ℓ_1 と ℓ_2 の間の最小距離，すなわち点 P（点 Q）が直線 ℓ_1（直線 ℓ_2）上を動くときの線分 PQ の長さの最小値を求めよう．2 直線上の点は (5.4.2) でパラメーター表示されているので，それらの間の距離 d は

$$d = \sqrt{(t+1+3s-2)^2 + (2t-2s-1)^2 + (-3t-1-s)^2}$$
$$= \sqrt{14t^2 + 14s^2 + 4ts + 3}$$

となる．この最小値を求めるために，根号の中の関数を t の 2 次関数だと考えて平方完成すると

$$d = \sqrt{14\left(t + \frac{1}{7}s\right)^2 + \frac{96}{7}s^2 + 3}$$

と変形できる．したがって $t + \dfrac{1}{7}s = 0, s = 0$ のとき（すなわち $s = t = 0$ のとき）距離 d は最小値 $\sqrt{3}$ をとる．このとき，線分 PQ は直線 ℓ_1 および ℓ_2 に直交することがわかる．

▶**例 5.4.3** 平面 $x+y=0$ と直線 $x-1=y+1=\dfrac{z-2}{\sqrt{6}}$ の交点を求めてみよう．直線上の点は

$$\begin{pmatrix} x \\ y \\ z \end{pmatrix} = \begin{pmatrix} t+1 \\ t-1 \\ \sqrt{6}t+2 \end{pmatrix}$$

とパラメーター表示される．これが平面上の点であるということは，平面の式に代入して得られる等式 $(t+1)+(t-1)=0$ が成り立つことと同値である．これは $t=0$ の場合なので，求める交点は $(1,-1,2)$ であることがわかる．さらにこの直線と平面のなす角 θ を求めてみよう．まず平面の法線ベクトル $\vec{n}$ と直線の方向ベクトル $\vec{m}$ のなす角 $\tilde{\theta}$ を求める（これは $\tilde{\theta}=\dfrac{\pi}{2}-\theta$ を満たす：以下の図を参照）：

$$\vec{n} = \begin{pmatrix} 1 \\ 1 \\ 0 \end{pmatrix}, \qquad \vec{m} = \begin{pmatrix} 1 \\ 1 \\ \sqrt{6} \end{pmatrix}.$$

$\vec{n}\cdot\vec{m}=2,\ |\vec{n}|=\sqrt{2},\ |\vec{m}|=2\sqrt{2}$ であるから

$$\cos\tilde{\theta} = \frac{\vec{n}\cdot\vec{m}}{|\vec{n}||\vec{m}|} = \frac{2}{\sqrt{2}\cdot(2\sqrt{2})} = \frac{1}{2}$$

となる．よって，$\tilde{\theta}=\dfrac{\pi}{3}$ となるので，求める角 θ は $\theta=\dfrac{\pi}{2}-\dfrac{\pi}{3}=\dfrac{\pi}{6}$ と求まる．

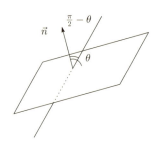

5.4 空間図形 2：空間内の直線の式　　67

問 5.4.3 $\mathbb{R}^3$ 内のねじれの位置にある 2 直線

$$\ell_1 : \begin{pmatrix} x \\ y \\ z \end{pmatrix} = \begin{pmatrix} 2+t \\ 2+2t \\ 1-t \end{pmatrix} \qquad (t \in \mathbb{R})$$

および

$$\ell_2 : \begin{pmatrix} x \\ y \\ z \end{pmatrix} = \begin{pmatrix} 5+2s \\ -5 \\ -5+3s \end{pmatrix} \qquad (s \in \mathbb{R})$$

に対して，直線 ℓ_1 と ℓ_2 の間の最小距離を求めよ.

問 5.4.4 3 点 $A(1,-2,-3)$, $B(-1,2,-3)$, $C(-1,-2,3)$ がある.
(1) 3 点 A, B, C の定める平面 H の方程式を求めよ.
(2) 原点 O より平面 H に下ろした垂線の長さを求めよ.
(3) 四面体 $OABC$ の体積を求めよ.

問 5.4.5 次の 2 直線の位置関係（ねじれの位置，交わる，平行で一致しない，一致する）を答えよ.

$$-\frac{x-2}{2} = \frac{y}{3} = z-1, \qquad x = -\frac{y-4}{2} = z+1.$$

問 5.4.6 平面 $x+\sqrt{6}y-z+3=0$ と直線 $x-3=-y=z$ のなす角 θ を求めよ.

問 5.4.7 2 平面 $x+2y-3z=-1$, $3x-y-2z=4$ に対して，次の問いに答えよ.
(1) 2 平面のなす角を求めよ.
(2) 交線の方程式を求めよ.
(3) 交線を含み原点を通る平面を求めよ.

問 5.4.8 3 つの平面 $2x+3y+z-1=0$, $x-2y-z-1=0$, $3x+2y-z+1=0$ の交点の座標を求めよ.

68   第 5 章　空間図形

問 5.4.9　2 つの球 $x^2 + y^2 + z^2 = 9$ と $x^2 + y^2 + z^2 + 2x - 2y + 2z = 6$ がある.

(1) この 2 つの球の交わりの円を含む平面の方程式を求めよ.

(2) この 2 つの球の交わりの円の半径を求めよ.

問 5.4.10　2 点 $A(1,2,3)$, $B(3,2,1)$ がある. 平面 $x + y + z = 0$ 上を点 P が $AP = BP$ を満たしながら動くとき, AP を最小にする点 P の座標を求めよ.

問 5.4.11　$0 \leq x \leq 1$, $0 \leq y \leq 1$, $0 \leq z \leq 1$ で定まる立方体 V がある. t が $1 < t < 2$ の範囲で動くとき, 平面 $x + y + z = t$ による V の切り口の面積を $S(t)$ とする. このとき, 次の問いに答えよ.

(1) $S(t)$ を t で表せ.

(2) $S(t)$ の最大値を求めよ.

問 5.4.12　球面 $x^2 + y^2 + z^2 = r^2$ が直線 $x - 2 = \dfrac{y+1}{2} = \dfrac{z+3}{2}$ から切り取る線分の長さが 2 となるように正の数 r を定めよ.

5.5　2 変数関数のグラフ

　この節では空間図形の典型的な例として, 基本的な 2 変数関数のグラフを扱う. 平面 $\mathbb{R}^2$ の座標を x, y とすると, 写像 $f : \mathbb{R}^2 \longrightarrow \mathbb{R}$ は 2 変数の関数 $f(x, y)$ と思うことができる (例: $f(x, y) = \sin(x + y) - x + y + 1$, $f(x, y) = e^{x^2 + y^2}$ など). このとき f の**グラフ** $\Gamma_f \subset \mathbb{R}^3$ を

$$\Gamma_f = \{(x, y, z) \mid (x, y) \in \mathbb{R}^2, z = f(x, y)\} \subset \mathbb{R}^3$$

により定める. これを単に $z = f(x, y)$ と記すことが多い. 例えば $z = a$ $(a \in \mathbb{R})$ は xyz 空間 $\mathbb{R}^3$ 内の xy 平面に平行な平面である. また

$$z = ax + by + c \qquad (a, b, c \in \mathbb{R})$$

も $\mathbb{R}^3$ 内のある平面を表す. グラフが平面にならないような基本的な関数として次のようなものがある.

▶ 例 5.5.1 関数 $f(x,y) = x^2 + y^2$ のグラフ $z = x^2 + y^2$ は図 5.5.1 のとおりである.

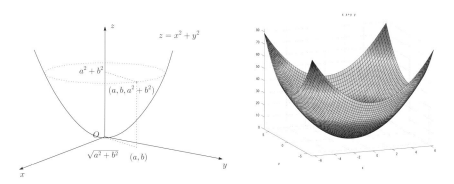

図 5.5.1 $f(x,y) = x^2 + y^2$ のグラフ

これは次のようにして得られる. まず xy 平面 $\mathbb{R}^2$ の点 $(a,b) \in \mathbb{R}^2$ の原点 $(0,0) \in \mathbb{R}^2$ からの距離は $r = \sqrt{a^2 + b^2}$ なので, f の点 (a,b) での値は $f(a,b) = a^2 + b^2 = r^2$ とかくことができる. よって f のグラフ $z = x^2 + y^2$ は, 図 5.5.2 のグラフを z 軸のまわりに 1 回転させることで得られる.

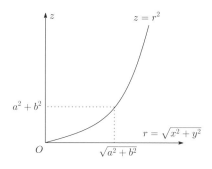

図 5.5.2 $z = r^2$ のグラフ

以上により, 関数 $f(x,y) = x^2 + y^2$ は xy 平面 $\mathbb{R}^2$ の原点 $(0,0) \in \mathbb{R}^2$ で最小値をとる. またこの f のグラフ $z = x^2 + y^2$ の平面 $z = a$ $(a > 0)$ による切り口は半径 $\sqrt{a}$ の円 $x^2 + y^2 = a$ である.

▶例 5.5.2 関数 $f(x,y) = 2x^2 + 3y^2$ のグラフ $z = 2x^2 + 3y^2$ は上の例と同じような形をしている．特に f は xy 平面 $\mathbb{R}^2$ の原点 $(0,0) \in \mathbb{R}^2$ で最小値をとる．しかしながら f のグラフ $z = 2x^2 + 3y^2$ の平面 $z = a\ (a > 0)$ による切り口は楕円 $2x^2 + 3y^2 = a$ である．

▶例 5.5.3 関数 $f(x,y) = x^2 - y^2$ のグラフ $z = x^2 - y^2$ は以下の図のように馬の鞍の形をしている：

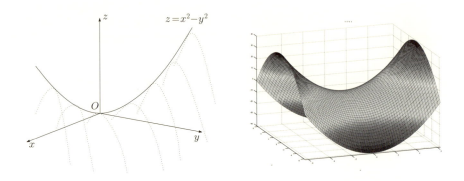

実際，その xz 平面 $y = 0$ および yz 平面 $x = 0$ による切り口は次のとおりである：

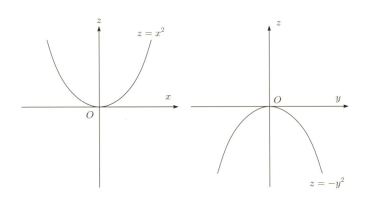

この場合，f は xy 平面 $\mathbb{R}^2$ 上で最小値も最大値もとらない．

以上の例を一般化したものとして 2 変数の関数

$$f(x, y) = ax^2 + bxy + cyx + dy^2 \qquad (a, b, c, d \in \mathbb{R})$$

のグラフ $z = f(x, y)$ を考えよう．このような関数 f を x, y の 2 次形式と呼ぶ．ここで $xy = yx$ なので $\frac{b+c}{2}$ をあらためて $b = c$ と置き直すことで，最初から $b = c$ であると仮定してよい．このとき f は対称行列

$$A = \begin{pmatrix} a & b \\ b & d \end{pmatrix}$$

を用いて

$$f(x, y) = (x, y) \begin{pmatrix} a & b \\ b & d \end{pmatrix} \begin{pmatrix} x \\ y \end{pmatrix} = {}^t \begin{pmatrix} x \\ y \end{pmatrix} A \begin{pmatrix} x \\ y \end{pmatrix}$$

と表示できる．また定理 3.3.1 により，ある直交行列 R を用いて A を対角化できる：

$$^tRAR = \begin{pmatrix} \lambda_1 & 0 \\ 0 & \lambda_2 \end{pmatrix}.$$

ここで λ_1, $\lambda_2 \in \mathbb{R}$ は A の固有値である．よって変数変換

$$\begin{pmatrix} \xi \\ \eta \end{pmatrix} = {}^tR \begin{pmatrix} x \\ y \end{pmatrix} \iff R \begin{pmatrix} \xi \\ \eta \end{pmatrix} = \begin{pmatrix} x \\ y \end{pmatrix}$$

により関数 $f(x, y)$ は ξ, η の関数として

$$^t\left(R \begin{pmatrix} \xi \\ \eta \end{pmatrix} \right) A \left(R \begin{pmatrix} \xi \\ \eta \end{pmatrix} \right) = {}^t \begin{pmatrix} \xi \\ \eta \end{pmatrix} {}^tRAR \begin{pmatrix} \xi \\ \eta \end{pmatrix}$$

$$= (\xi \ \eta) \begin{pmatrix} \lambda_1 & 0 \\ 0 & \lambda_2 \end{pmatrix} \begin{pmatrix} \xi \\ \eta \end{pmatrix} = \lambda_1 \xi^2 + \lambda_2 \eta^2$$

と書き直すことができる．これを 2 次形式の標準化と呼ぶ．ここで $g(\xi, \eta) = \lambda_1 \xi^2 + \lambda_2 \eta^2$ とおく．このとき直交行列 R により定まる全単射写像

$$\Phi : \mathbb{R}^3 = \mathbb{R}^2 \times \mathbb{R} \longrightarrow \mathbb{R}^3 = \mathbb{R}^2 \times \mathbb{R}, \quad \left(\begin{pmatrix} \xi \\ \eta \end{pmatrix}, z \right) \longmapsto \left(R \begin{pmatrix} \xi \\ \eta \end{pmatrix}, z \right)$$

により g のグラフ $\Gamma_g = \{(\xi, \eta, z) \in \mathbb{R}^3 | (\xi, \eta) \in \mathbb{R}^2, z = g(\xi, \eta)\} \subset \mathbb{R}^3$ は f のグラフ $\Gamma_f = \{(x, y, z) \in \mathbb{R}^3 | (x, y) \in \mathbb{R}^2, z = f(x, y)\} \subset \mathbb{R}^3$ に移される. (上の例で見たように) g のグラフは簡単に描けるので,それを R により回転 (もしくは鏡映) することで f のグラフが得られる.特に対称行列 A の固有値 $\lambda_1, \lambda_2 \in \mathbb{R}$ がともに正 (負) であれば,f は xy 平面 $\mathbb{R}^2$ の原点 $(0,0) \in \mathbb{R}^2$ で最小 (大) 値をとる.また $\lambda_1, \lambda_2 \in \mathbb{R}$ が異符号すなわち $\lambda_1 \lambda_2 < 0$ であれば,f は xy 平面 $\mathbb{R}^2$ 上で最小値も最大値もとらない.以上の結果は,より一般の 2 変数の関数の極値問題を考える上で基本的な役割を果たす (本教科書の 10.3 節などを参照).

問 5.5.1 次の 2 変数関数のグラフはどのような図形を表しているか.
(1) $z = f(x, y) = x^2 + 2\sqrt{3}xy - y^2$
(2) $z = f(x, y) = 5x^2 + 2xy + 5y^2$

5.6 発展事項 (行列式の幾何学的意味)

n 次正方行列 $A \in M(n, \mathbb{R})$ の定める一次変換 $f_A : \mathbb{R}^n \longrightarrow \mathbb{R}^n$ を考えよう.$n = 2$ ($n = 3$) の場合,その面積 (体積) 拡大倍率は A の行列式の絶対値 $|\det A|$ と等しいことを命題 3.2.2 (5.2 節) ですでに学んだ.この美しい結果は実はすべての次元 n で成立する.以下,その証明のあらましを述べよう (高次元のユークリッド空間に不慣れな読者は,まずは $n = 3$ の場合を念頭に以下の証明を読んでほしい.別証は杉浦 [25, II, 定理 3.6] にある).まず $\mathbb{R}^n$ の部分集合の n 次元体積が,$\mathbb{R}^n$ の**単位超立方体**

$$G = \left\{ (x_1, x_2, \ldots, x_n) \mid 0 \le x_j \le 1 \right\} \subset \mathbb{R}^n$$

のそれが 1 となるように自然に定義できる (本当は n 次元体積が定義できるためには,部分集合に何か条件が必要である.詳細は杉浦 [25, I, p.255] などを参照せよ).$\mathbb{R}^n$ の標準ベクトル (基底)

$$\vec{e_1} = \begin{pmatrix} 1 \\ 0 \\ \vdots \\ 0 \end{pmatrix}, \quad \vec{e_2} = \begin{pmatrix} 0 \\ 1 \\ \vdots \\ 0 \end{pmatrix}, \quad \ldots\ldots, \quad \vec{e_n} = \begin{pmatrix} 0 \\ 0 \\ \vdots \\ 1 \end{pmatrix} \in \mathbb{R}^n$$

を用いると，単位超立方体 G は次のように表すことができる：

$$G = \left\{ \sum_{j=1}^{n} x_j \vec{e_j} \ \middle|\ 0 \le x_j \le 1 \right\} \subset \mathbb{R}^n.$$

次に縦ベクトル $\vec{a_j} := f_A(\vec{e_j}) = A\vec{e_j} \in \mathbb{R}^n \ (1 \le j \le n)$ を用いて行列 A を $A = (\vec{a_1}, \vec{a_2}, \ldots, \vec{a_n})$ と表す．このとき単位超立方体 G の f_A による像 $K = f_A(G) \subset \mathbb{R}^n$ は

$$K = \left\{ \sum_{j=1}^{n} x_j \vec{a_j} \ \middle|\ 0 \le x_j \le 1 \right\} \subset \mathbb{R}^n$$

となる．これは平行六面体の自然な一般化（高次元化）であるので，**超平行六面体**と呼ぶことにする．以下 $K = f_A(G)$ の n 次元体積が $|\det A|$ と等しいことを，n についての帰納法により証明しよう．まず超平行六面体 K の面 $J \subset K$ を次で定義する：

$$J = \left\{ \sum_{j=1}^{n-1} x_j \vec{a_j} \ \middle|\ 0 \le x_j \le 1 \right\} \subset K \subset \mathbb{R}^n.$$

この面 J を生成する $n-1$ 本のベクトル $\vec{a_1}, \vec{a_2}, \ldots, \vec{a_{n-1}} \in \mathbb{R}^n$ が一次独立（[15, 1.4 節] などを参照）でない場合は $\det A = 0$ であり，さらに K の n 次元体積も 0 になる．したがって，最初から $\vec{a_1}, \vec{a_2}, \ldots, \vec{a_{n-1}} \in \mathbb{R}^n$ は一次独立であると仮定して一般性を失わない．ここで J を含む $\mathbb{R}^n$ の超平面

$$H = \left\{ \sum_{j=1}^{n-1} x_j \vec{a_j} \ \middle|\ x_j \in \mathbb{R} \right\} \subset \mathbb{R}^n$$

を考えよう．このとき n 次の**直交行列** $R \in M(n, \mathbb{R})$（n 次の直交行列は 2 次の

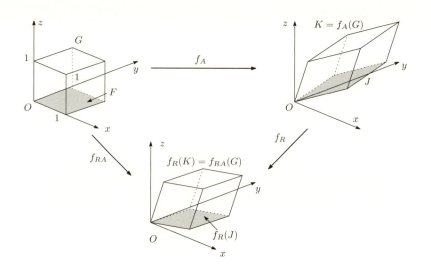

場合と同様に定義される）をうまくとって，それによる一次変換 $f_R : \mathbb{R}^n \longrightarrow \mathbb{R}^n$ が次の条件を満たすようにできる：

$$f_R(H) = \mathbb{R}^{n-1} \times \{0\} \subset \mathbb{R}^n.$$

よって $f_R(J) \subset \mathbb{R}^{n-1} \times \{0\}$ となる（以下の $n=3$ の場合の図を参照）．

直交変換 $f_R : \mathbb{R}^n \longrightarrow \mathbb{R}^n$ はベクトルの内積と長さを保つ $\mathbb{R}^n$ の合同変換であり，特に n 次元体積を保つ（この事実は直交変換が 2 次元の回転の合成として表すことができることより証明できる）．よって $K = f_A(G)$ の n 次元体積と $f_R(K) = f_R(f_A(G)) = f_{RA}(G)$ の n 次元体積は等しい．また $\det R = \pm 1$ より $|\det RA| = |\det A|$ が成り立つ．したがって $f_R(K) = f_{RA}(G)$ の n 次元体積が $|\det RA|$ と等しいことを示せばよい．縦ベクトル $\overrightarrow{b_j} := f_{RA}(\overrightarrow{e_j}) = RA\overrightarrow{e_j} \in \mathbb{R}^n$ $(1 \leq j \leq n)$ を用いて行列 RA を $RA = (\overrightarrow{b_1}, \overrightarrow{b_2}, \ldots, \overrightarrow{b_n})$ と表す．このとき

$$f_R(J) = \left\{ \sum_{j=1}^{n-1} x_j \overrightarrow{b_j} \;\middle|\; 0 \leq x_j \leq 1 \right\} \subset f_R(H) = \mathbb{R}^{n-1} \times \{0\}$$

が成り立つ．$\mathbb{R}^n$ の超平行六面体 $f_R(K) = f_{RA}(G)$ は $f_R(J)$ を底面としたときベクトル

$$\vec{b_n} = \begin{pmatrix} b_{1n} \\ b_{2n} \\ \vdots \\ b_{nn} \end{pmatrix} \in \mathbb{R}^n$$

の第 n 成分 b_{nn} の絶対値 $h = |b_{nn}|$ を高さにもつ. したがって $f_R(K) = f_{RA}(G)$ の n 次元体積は, $f_R(J) \subset \mathbb{R}^{n-1}$ の $n-1$ 次元体積と高さ h の積になる. 一方, 条件 $\vec{b_j} = f_R(\vec{a_j}) \in \mathbb{R}^{n-1} \times \{0\}$ $(1 \le j \le n-1)$ より, 行列 $RA \in M(n, \mathbb{R})$ は次の形のブロック上三角行列になる:

$$RA = \left(\begin{array}{ccc|c} & & & b_{1n} \\ & C & & \vdots \\ & & & b_{(n-1)n} \\ \hline 0 & \dots & 0 & b_{nn} \end{array} \right)$$

$(C \in M(n-1, \mathbb{R}))$. このとき G の面

$$F = \left\{ \sum_{j=1}^{n-1} x_j \vec{e_j} \;\middle|\; 0 \le x_j \le 1 \right\} \subset \mathbb{R}^{n-1} \times \{0\} = \mathbb{R}^{n-1}$$

の行列 $C \in M(n-1, \mathbb{R})$ の定める一次変換 $f_C : \mathbb{R}^{n-1} \longrightarrow \mathbb{R}^{n-1}$ による像は以下のように計算できる:

$$f_C(F) = f_{RA}(F) = f_R(f_A(F)) = f_R(J).$$

よって帰納法の仮定により, $f_R(J) \subset \mathbb{R}^{n-1}$ の $n-1$ 次元体積は $|\det C|$ と等しい. あとは $|\det RA| = |\det C| \cdot |b_{nn}| = |\det C| \cdot h$ (問 4.2.1 を参照) より求める主張が直ちに得られる.

第6章

イプシロン・デルタ論法入門

6.1 話のまくら

高校では

$$a_n = \left(1 + \frac{1}{n}\right)^n \qquad (n = 1, 2, 3, \ldots) \tag{6.1.1}$$

で定義される実数の数列（以後，単に**実数列**と呼ぶ）$\{a_n\}_{n=1}^{\infty}$ が自然対数の底 $e = 2.718\ldots \in \mathbb{R}$ に収束することを学んだ．しかし，n が大きくなるに従い $1 + \frac{1}{n}$ は小さくなり 1 に近づいてしまうので，それを n 乗した $a_n = \left(1 + \frac{1}{n}\right)^n$ が 2 よりも大きな実数に近づいていくことを示すのは容易ではない．また，その収束先の値 $e = 2.718\ldots$ を計算することもできない．そのためにはまず，これまであいまいにして済ませてきた「数列の収束の定義」をはっきりさせる必要がある．高校までのあいまいな収束の定義では理解し計算することが難しい数列の極限の例として，以下のようなものがある：

$$a_n = \sqrt[n]{n} \longrightarrow 1 \qquad (n \longrightarrow \infty), \tag{6.1.2}$$

$$a_n = \left(1 + \frac{1}{n}\right)^n \longrightarrow e \qquad (n \longrightarrow \infty), \tag{6.1.3}$$

$$a_n = \sum_{k=0}^{n} \frac{1}{k!} = 1 + \frac{1}{1!} + \frac{1}{2!} + \cdots + \frac{1}{n!} \longrightarrow e \qquad (n \longrightarrow \infty), \tag{6.1.4}$$

$$a_n = \sum_{k=0}^{n} \frac{(-1)^k}{2k+1} = 1 - \frac{1}{3} + \frac{1}{5} - \cdots + \frac{(-1)^n}{2n+1} \longrightarrow \frac{\pi}{4} \qquad (n \longrightarrow \infty), \tag{6.1.5}$$

$$a_n = \sum_{k=1}^{n} \frac{1}{k^2} = \frac{1}{1^2} + \frac{1}{2^2} + \frac{1}{3^2} + \cdots + \frac{1}{n^2} \longrightarrow \frac{\pi^2}{6} \qquad (n \longrightarrow \infty). \tag{6.1.6}$$

78   第 6 章　イプシロン・デルタ論法入門

これらのうち (6.1.4) により，上に述べた自然対数の底 $e = 2.718\dots \in \mathbb{R}$ を精密に計算することができる．円周率 $\pi = 3.141592\dots \in \mathbb{R}$ を計算することは，古来から多くの人々の関心を引き付けてきた（[19] などを参照）．アルキメデスは円周の長さをその外接多角形と内接多角形の長さで近似することにより，初めて π を小数点以下 2 桁まで決定し，今日よく知られている 3.14 という近似値を得た．またドイツの数学者ルドルフはこの方法をさらに発展させ，彼の生涯をかけて π を小数点以下 35 桁まで決定した．その功績により，ドイツでは円周率 π を「ルドルフの数」と呼ぶそうである．その後ニュートンとライプニッツによる微積分学の発明により，π の計算は飛躍的な進歩を遂げた．その成果のひとつである上の (6.1.5), (6.1.6) などを用いてパソコンで計算すれば，今や一瞬にして π の値を小数点以下 35 桁よりもはるかに高い桁までも計算できる時代になったのである．ここでは (6.1.2)–(6.1.5) を理解することを目指して，数列の収束の厳密な定義を学んでいこう．ちなみに (6.1.6) は，素数の分布を調べる整数論のゼータ関数と関係しており，その証明はやや難しい（大学 3 年生までに学ぶ関数論やフーリエ級数などの知識が必要である）．

6.2　数列の収束の定義

実数列 $\{a_n\}_{n=1}^{\infty}$ がある実数 $\alpha \in \mathbb{R}$ に収束することの厳密な定義を与えるため，$\alpha \in \mathbb{R}$ を含む開区間 $U_\varepsilon(\alpha)$ を次のように定義する．

定義 6.2.1　正の実数 $\varepsilon > 0$ に対して，α を中心とする開区間

$$U_\varepsilon(\alpha) = \{x \in \mathbb{R} \mid \alpha - \varepsilon < x < \alpha + \varepsilon\}$$
$$= \{x \in \mathbb{R} \mid |x - \alpha| < \varepsilon\} \subset \mathbb{R} \tag{6.2.1}$$

を，点 $\alpha \in \mathbb{R}$ の ε–近傍と呼ぶ．

実数列 $\{a_n\}_{n=1}^{\infty}$ が実数 $\alpha \in \mathbb{R}$ に収束するとは，点 α のどんなに小さな ε–近傍 $U_\varepsilon(\alpha)$ に対しても（すなわち正の実数 $\varepsilon > 0$ をどんなに小さく選んでも），

ある番号 $N \in \mathbb{N}$ より先の $a_N, a_{N+1}, a_{N+2}, \ldots$ はすべて $U_\varepsilon(\alpha)$ に含まれることと定義しよう.

$$
\begin{array}{ccc}
\alpha - \varepsilon & \alpha & \alpha + \varepsilon \\
\end{array}
$$

数列 $\{a_n\}_{n=1}^{\infty}$ が $n \longrightarrow \infty$ のときに点 $\alpha \in \mathbb{R}$ のまわりに集まっていく様子を,この定義はよく表している.微積分学の発達の初期段階においては,もちろん様々な数列の収束の定義があったものと思われる.しかしながら,現在では上の定義がもっとも自然で扱いやすいものとして定着している.これを大学数学で標準的な(ややかたい)スタイルでかくと以下のようになる:

$\boxed{\text{定義 6.2.2}}$ 実数列 $\{a_n\}_{n=1}^{\infty}$ が実数 $\alpha \in \mathbb{R}$ に**収束する**とは,任意の $\varepsilon > 0$ に対してある(十分大きな)自然数 N が存在して,条件

$$
n \geq N \quad \Longrightarrow \quad |a_n - \alpha| < \varepsilon \tag{6.2.2}
$$

が成り立つことである.このとき,$a_n \longrightarrow \alpha \, (n \longrightarrow \infty)$ または $\displaystyle\lim_{n \to \infty} a_n = \alpha$ とかく.また,収束しないことを**発散する**という.

注意 6.2.1 ある $N > 0$ に対して条件

$$
n \geq N \quad \Longrightarrow \quad |a_n - \alpha| < \varepsilon
$$

が成り立てば,それより大きい $N' > 0$ に対しても条件

$$
n \geq N' \quad \Longrightarrow \quad |a_n - \alpha| < \varepsilon
$$

が成り立つ.その意味で「十分大きな」という言葉が添えられている(この言葉は省略してもよい).

注意 6.2.2 条件の成り立つ $N > 0$ は与えられた $\varepsilon > 0$ に依存する.したがって,より詳しく N を $N(\varepsilon)$ とかく教科書もある.

この定義を少し書きかえて,(日本語では通常この書き方はしないが)

80　第6章　イプシロン・デルタ論法入門

「任意の $\varepsilon > 0$ に対して，条件

$$n \geq N \quad \Longrightarrow \quad |a_n - \alpha| < \varepsilon \qquad (6.2.3)$$

が成り立つような（十分大きな）自然数 N が存在する」

と述べ直すこともできる．したがって，「任意の」を**全称記号** $\forall$（任意の＝Arbitrary の頭文字 A の上下をひっくり返してこの記号を作った）で置きかえ，「存在する」を**存在記号** $\exists$（存在する＝Exist の頭文字 E の左右をひっくり返してこの記号を作った）で置きかえると，以下のように非常に短くかくことができる：

$$\forall \varepsilon > 0, \exists N \gg 0 \text{ such that } n \geq N \Longrightarrow |a_n - \alpha| < \varepsilon.$$

ここで $N \gg 0$ は N が十分大きいことを表し，"A such that B" とは「条件 B が成り立つような A」という意味（英語）である．各自この短い表現を何度も繰り返してかいて，完璧に暗記することが大変望ましい．またその際，上で説明した数列の収束の幾何学的なイメージが一瞬にして浮かぶように，イメージトレーニングして欲しい．

▶**例 6.2.1** 実数列 $a_n = 2 + \dfrac{1}{n^2}$ $(n = 1, 2, 3, \ldots)$ は $n \longrightarrow \infty$ のとき $\alpha = 2 \in \mathbb{R}$ に収束することを示そう．任意の $\varepsilon > 0$ に対してある（十分大きな）自然数 N が存在して条件

$$n \geq N \quad \Longrightarrow \quad |a_n - \alpha| = \left| \frac{1}{n^2} \right| < \varepsilon$$

が成り立つことを示せばよい．例えば $\varepsilon = \frac{1}{10000}$ に対しては $N = 101$ とすればこの条件が成り立つ．この場合，N はもっと大きい 1000 などとしてもよい．すなわち，与えられた正の数 $\varepsilon > 0$ に対して，上の条件が成り立つ N を何か1つ見つければよい．一般の $\varepsilon > 0$ に対しては，**ガウス記号** [ ] を用いて

$N = \left[\frac{1}{\sqrt{\varepsilon}}\right] + 1$ とおけば上の条件が満たされる[1]. つまり $\lim\limits_{n\to\infty} a_n = 2$ が示せた.

数列の発散については次の定義がある.

定義 6.2.3 実数列 $\{a_n\}_{n=1}^{\infty}$ が**正の無限大** ∞ に**発散**するとは,任意の(大きな)$K > 0$ に対してある(十分大きな)自然数 N が存在して,条件

$$n \geq N \qquad \Longrightarrow \qquad a_n > K \qquad\qquad (6.2.4)$$

が成り立つことである.またこのとき,$a_n \longrightarrow \infty \ (n \longrightarrow \infty)$ または $\lim\limits_{n\to\infty} a_n = \infty$ とかく.$\lim\limits_{n\to\infty} a_n = -\infty$ も同様に定義できる.

6.3 数列の収束に関するやさしい証明

次の命題の事実は高校数学でも習うことであるが,数列の収束の厳密な定義にもとづいた証明を与えてみよう.

命題 6.3.1 実数列 $\{a_n\}_{n=1}^{\infty}$ に対して $\lim\limits_{n\to\infty} a_n = \alpha \in \mathbb{R}$ が成り立ち,実数列 $\{b_n\}_{n=1}^{\infty}$ に対して,$\lim\limits_{n\to\infty} b_n = \beta \in \mathbb{R}$ が成り立つとする.このとき次が成り立つ:

(1) $\lim\limits_{n\to\infty} (a_n + b_n) = \alpha + \beta$,

(2) c が実数ならば,$\lim\limits_{n\to\infty} ca_n = c\alpha$.

証明 (1): $\varepsilon > 0$ を任意の正の実数とする.条件 $\lim\limits_{n\to\infty} a_n = \alpha$ より,ある(十分大きな)自然数 N_1 が存在して条件

$$n \geq N_1 \qquad \Longrightarrow \qquad |a_n - \alpha| < \frac{\varepsilon}{2}$$

が成り立つ.また条件 $\lim\limits_{n\to\infty} b_n = \beta$ より,ある(十分大きな)自然数 N_2 が存在して条件

$$n \geq N_2 \qquad \Longrightarrow \qquad |b_n - \beta| < \frac{\varepsilon}{2}$$

---

[1] 実数 x に対して,$[x]$ は x を超えない最大の整数を表す.

82   第6章　イプシロン・デルタ論法入門

が成り立つ. $N = \max\{N_1, N_2\}$ とおく. すると**三角不等式** $|p+q| \leq |p| + |q|$ を用いることで,

$$n \geq N \quad \Longrightarrow \quad |(a_n + b_n) - (\alpha + \beta)| \leq |a_n - \alpha| + |b_n - \beta| < \frac{\varepsilon}{2} + \frac{\varepsilon}{2} = \varepsilon$$

が得られる. これは $\lim_{n \to \infty} (a_n + b_n) = \alpha + \beta$ を示している.

(2): $c = 0$ の場合は, 主張は明らかである. したがって $c \neq 0$ の場合を考えよう. $\varepsilon > 0$ を任意の正の実数とする. このとき条件 $\lim_{n \to \infty} a_n = \alpha$ より, ある (十分大きな) 自然数 N が存在して条件

$$n \geq N \quad \Longrightarrow \quad |a_n - \alpha| < \frac{\varepsilon}{|c|}$$

が成り立つ. よって

$$n \geq N \quad \Longrightarrow \quad |ca_n - c\alpha| = |c| \cdot |a_n - \alpha| < |c| \cdot \frac{\varepsilon}{|c|} = \varepsilon$$

が得られる. これは $\lim_{n \to \infty} ca_n = c\alpha$ を示している.   □

注意 6.3.1　この命題の (1) は, $\alpha + \infty = \infty + \beta = \infty + \infty = \infty$ ということにすれば, α または β が $+\infty$ のときでも成立する.

　高校のときに学習した極限に関する以下の命題も容易に証明できる.

命題 6.3.2

(1) 実数列 $\{a_n\}_{n=1}^{\infty}$, $\{b_n\}_{n=1}^{\infty}$ がそれぞれ $\alpha, \beta \in \mathbb{R}$ に収束するとき, $a_n \leq b_n$ $(n = 1, 2, \dots)$ であれば, $\alpha \leq \beta$ も成り立つ.

(2) 実数列 $\{a_n\}_{n=1}^{\infty}$, $\{b_n\}_{n=1}^{\infty}$, $\{c_n\}_{n=1}^{\infty}$ において, $a_n \leq c_n \leq b_n$ $(n = 1, 2, \dots)$ であり, 実数列 $\{a_n\}_{n=1}^{\infty}$, $\{b_n\}_{n=1}^{\infty}$ がともに $\alpha \in \mathbb{R}$ に収束するとき, $\{c_n\}_{n=1}^{\infty}$ も α に収束する (**はさみうちの定理**).

証明　(1): 背理法により証明する. 結論を否定して $\alpha > \beta$ が成り立つとする. このとき $\varepsilon := \frac{\alpha - \beta}{3} > 0$ に対して, ある (十分大きな) 自然数 N_1 が存在して条件

$$n \geq N_1 \quad \Longrightarrow \quad |a_n - \alpha| < \varepsilon = \frac{\alpha - \beta}{3}$$

が成り立つ. また, ある (十分大きな) 自然数 N_2 が存在して条件

$$n \geq N_2 \quad \Longrightarrow \quad |b_n - \beta| < \varepsilon = \frac{\alpha - \beta}{3}$$

が成り立つ. $N = \max\{N_1, N_2\}$ とおく. すると

$$n \geq N \quad \Longrightarrow \quad a_n - b_n = (\alpha - \beta) + (a_n - \alpha) + (\beta - b_n) > 3\varepsilon - \varepsilon - \varepsilon = \varepsilon > 0$$

が成り立つ (ここで $|a_n - \alpha| < \varepsilon \iff -\varepsilon < a_n - \alpha < \varepsilon$ などを用いた). これは $a_n \leq b_n$ という仮定に矛盾する.

(2): $\varepsilon > 0$ を任意の正の実数とする. このとき仮定により, ある (十分大きな) 自然数 N が存在して条件

$$n \geq N \quad \Longrightarrow \quad |a_n - \alpha| < \varepsilon, \; |b_n - \alpha| < \varepsilon$$

が成り立つ. よって $n \geq N$ ならば不等式

$$c_n - \alpha = (c_n - b_n) + (b_n - \alpha) \leq b_n - \alpha < \varepsilon$$

が成り立つ. 同様にして不等式 $-\varepsilon < c_n - \alpha$ が示せる. すなわち条件

$$n \geq N \quad \Longrightarrow \quad |c_n - \alpha| < \varepsilon$$

が成り立つ. これは $\lim_{n \to \infty} c_n = \alpha$ を示している. $\quad\square$

注意 6.3.2 (1) の証明も (2) の証明も下の図のような幾何学的なイメージがもてるようにするとよい. (1) は図から $\varepsilon = \dfrac{\alpha - \beta}{3}$ のようにとると $a_n \leq b_n$ で

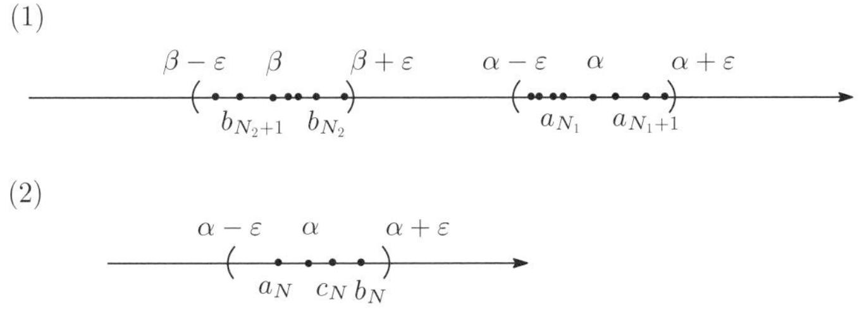

(1)

(2)

84　第 6 章　イプシロン・デルタ論法入門

あることに矛盾することがわかる．(2) も a_N, b_N が点 α の ε–近傍にあれば，$a_N \leq c_N \leq b_N$ より c_N も点 α の ε–近傍にあることは図からわかる．

▶**例 6.3.1**　実数列 $a_n = \sqrt[n]{n}$ $(n = 1, 2, 3, \ldots)$ は $n \longrightarrow \infty$ のとき $1 \in \mathbb{R}$ に収束することを示そう．$a_n \geq 1$ なので $b_n = a_n - 1 \geq 0$ とおいて，$\displaystyle\lim_{n \to \infty} b_n = 0$ を示せばよい．等式 $1 + b_n = a_n = \sqrt[n]{n}$ の両辺を n 乗すれば，二項定理により次の式を得る：

$$(1 + b_n)^n = \sum_{k=0}^{n} \binom{n}{k} b_n^k = n \qquad \left(\binom{n}{k} := \frac{n!}{(n-k)!k!} \right).$$

この式の中央の項は正の数の和であり，特に $\binom{n}{2} b_n^2 = \dfrac{n(n-1)}{2} b_n^2$ より大きい．したがって次の不等式が得られた：

$$0 \leq \frac{n(n-1)}{2} b_n^2 < n \qquad \Longleftrightarrow \qquad 0 \leq b_n < \frac{\sqrt{2}}{\sqrt{n-1}}.$$

したがって（はさみうちの定理（命題 6.3.2 (2)）により），$\displaystyle\lim_{n \to \infty} \frac{\sqrt{2}}{\sqrt{n-1}} = 0$ から求める主張

$$\lim_{n \to \infty} b_n = 0$$

が得られる．

　実数列 $\{a_n\}_{n=1}^{\infty}$ が**有界**であるとは，実数直線 $\mathbb{R}$ の部分集合 $\{a_1, a_2, \ldots\} \subset \mathbb{R}$ が有界であることとする．

<u>**補題 6.3.1**</u>　実数列 $\{a_n\}_{n=1}^{\infty}$ がある実数 $\alpha \in \mathbb{R}$ に収束するとする．このとき $\{a_n\}_{n=1}^{\infty}$ は有界である．

証明　正の数 $\varepsilon > 0$ は何でもよいので，特に $\varepsilon = 1$ としよう．このとき条件 $\displaystyle\lim_{n \to \infty} a_n = \alpha$ より，ある（十分大きな）自然数 N が存在して条件

$$n \geq N \qquad \Longrightarrow \qquad |a_n - \alpha| < \varepsilon = 1$$

が成り立つ．$M = \max\{|a_1|, |a_2|, \ldots, |a_{N-1}|, |\alpha| + 1\} > 0$ とおく．するとすべての $n = 1, 2, 3, \ldots$ に対して不等式 $|a_n| \leq M$ が成り立つ．これは数列

$\{a_n\}_{n=1}^{\infty}$ が有界であることを示している. $\qquad\qquad\qquad\qquad$ □

命題 6.3.3 実数列 $\{a_n\}_{n=1}^{\infty}$ に対して $\lim_{n\to\infty} a_n = \alpha \in \mathbb{R}$ が成り立ち, 実数列 $\{b_n\}_{n=1}^{\infty}$ に対して $\lim_{n\to\infty} b_n = \beta \in \mathbb{R}$ が成り立つとする. このとき次が成り立つ:

(1) $\lim_{n\to\infty} a_n b_n = \alpha\beta$.

(2) すべての $n = 1, 2, \ldots$ に対して $b_n \neq 0$ かつ $\beta \neq 0$ ならば, $\lim_{n\to\infty} \dfrac{a_n}{b_n} = \dfrac{\alpha}{\beta}$.

証明 (1): $\varepsilon > 0$ を任意の正の実数とする. ある(十分大きな)自然数 N が存在して条件

$$n \geq N \qquad \Longrightarrow \qquad |a_n b_n - \alpha\beta| < \varepsilon$$

が成り立つことを示せばよい. そのために不等式

$$|a_n b_n - \alpha\beta| = |a_n(b_n - \beta) + (a_n - \alpha)\beta| \leq |a_n||b_n - \beta| + |a_n - \alpha||\beta|$$

を用いる. まず補題 6.3.1 より数列 $\{a_n\}_{n=1}^{\infty}$ は有界である. すなわち, ある $M > 0$ が存在して, すべての $n = 1, 2, 3, \ldots$ に対して $|a_n| \leq M$ が成り立つ. 一方条件 $\lim_{n\to\infty} b_n = \beta$ より, ある(十分大きな)自然数 N_1 が存在して条件

$$n \geq N_1 \qquad \Longrightarrow \qquad |b_n - \beta| < \frac{\varepsilon}{2(M+1)}$$

が成り立つ. また条件 $\lim_{n\to\infty} a_n = \alpha$ より, ある(十分大きな)自然数 N_2 が存在して条件

$$n \geq N_2 \qquad \Longrightarrow \qquad |a_n - \alpha| < \frac{\varepsilon}{2(|\beta|+1)}$$

が成り立つ. $N = \max\{N_1, N_2\}$ とおく. すると次が成り立つ:

$$n \geq N \qquad \Longrightarrow \qquad |a_n b_n - \alpha\beta| < \frac{M\varepsilon}{2(M+1)} + \frac{|\beta|\varepsilon}{2(|\beta|+1)} < \frac{\varepsilon}{2} + \frac{\varepsilon}{2} = \varepsilon.$$

これは $\lim_{n\to\infty} a_n b_n = \alpha\beta$ を示している.

(2): $\varepsilon > 0$ を任意の正の実数とする. ある(十分大きな)自然数 N が存在して条件

86　第6章　イプシロン・デルタ論法入門

$$n \geq N \quad \Longrightarrow \quad \left| \frac{a_n}{b_n} - \frac{\alpha}{\beta} \right| < \varepsilon$$

が成り立つことを示せばよい．そのために不等式

$$\left| \frac{a_n}{b_n} - \frac{\alpha}{\beta} \right| = \left| \frac{a_n \beta - \alpha b_n}{b_n \beta} \right| = \left| \frac{(a_n - \alpha)\beta + \alpha(\beta - b_n)}{b_n \beta} \right|$$

$$\leq \frac{1}{|b_n|} |a_n - \alpha| + \frac{|\alpha|}{|b_n||\beta|} |b_n - \beta|$$

を用いる．まず我々の仮定 $b_n \neq 0$, $\beta \neq 0$ より，ある $K > 0$ が存在してすべての $n = 1, 2, 3, \ldots$ に対して $|b_n| \geq K > 0$ が成り立つ（問 6.3.4 参照）．したがって，すべての $n = 1, 2, 3, \ldots$ に対して次の不等式が成り立つ：

$$\left| \frac{a_n}{b_n} - \frac{\alpha}{\beta} \right| \leq \frac{1}{K} |a_n - \alpha| + \frac{|\alpha|}{K|\beta|} |b_n - \beta|.$$

$M_1 = \dfrac{1}{K}$ および $M_2 = \dfrac{|\alpha|}{K|\beta|}$ とおく．このとき条件 $\lim\limits_{n \to \infty} a_n = \alpha$ より，ある（十分大きな）自然数 N_1 が存在して条件

$$n \geq N_1 \quad \Longrightarrow \quad |a_n - \alpha| < \frac{\varepsilon}{2(M_1 + 1)}$$

が成り立つ．また条件 $\lim\limits_{n \to \infty} b_n = \beta$ より，ある（十分大きな）自然数 N_2 が存在して条件

$$n \geq N_2 \quad \Longrightarrow \quad |b_n - \beta| < \frac{\varepsilon}{2(M_2 + 1)}$$

が成り立つ．$N = \max\{N_1, N_2\}$ とおく．すると次が成り立つ：

$$n \geq N \quad \Longrightarrow \quad \left| \frac{a_n}{b_n} - \frac{\alpha}{\beta} \right| < \frac{M_1 \varepsilon}{2(M_1 + 1)} + \frac{M_2 \varepsilon}{2(M_2 + 1)} < \varepsilon.$$

これは $\lim\limits_{n \to \infty} \dfrac{a_n}{b_n} = \dfrac{\alpha}{\beta}$ を示している．　　　　　□

さて，数列 $a_n = \left(1 + \dfrac{1}{n}\right)^n$ $(n = 1, 2, 3, \ldots)$ の収束を示すためには，まずそれが以下の意味で単調増加であることを示すのが常套手段である．

6.3 数列の収束に関するやさしい証明　　87

定義 6.3.1

(1) 実数列 $\{a_n\}_{n=1}^{\infty}$ が**単調増加**（あるいは**非減少**）であるとは，不等式

$$a_1 \leq a_2 \leq a_3 \leq a_4 \leq a_5 \leq \cdots \qquad (6.3.1)$$

が成り立つこととする．

(2) 実数列 $\{a_n\}_{n=1}^{\infty}$ が**狭義単調増加**であるとは，不等式

$$a_1 < a_2 < a_3 < a_4 < a_5 < \cdots \qquad (6.3.2)$$

が成り立つこととする．

　同様にして（狭義）単調減少数列も定義される．次の命題は，数列の収束を示すのに非常に有用である．

命題 6.3.4　（**実数の連続性公理のいいかえ**）実数列 $\{a_n\}_{n=1}^{\infty}$ は上に有界で単調増加とする．このとき，ある実数 $\alpha \in \mathbb{R}$ が存在して $\lim_{n \to \infty} a_n = \alpha$ が成り立つ．

証明　仮定より実数直線 $\mathbb{R}$ の部分集合

$$A := \{a_1, a_2, a_3, a_4, a_5, \ldots\} \subset \mathbb{R}$$

は上に有界である．したがって実数の連続性公理 により，A の上限（すなわち最小上界）$\alpha := \sup A = \min U(A) \in \mathbb{R}$ が存在する．a_n が α に収束することを示そう．上限の定義より，明らかに $a_n \leq \alpha \ (n = 1, 2, 3, \ldots)$ が成り立つ．さて $\varepsilon > 0$ を任意の正の実数とする．このとき $\alpha - \varepsilon$ は（A の最小上界 α より小さいので）もはや A の上界ではない．すなわち，ある $a_N \in A$ に対して不等式 $\alpha - \varepsilon < a_N$ が成り立つ（補題 1.3.1 を参照）．よって数列 $\{a_n\}_{n=1}^{\infty}$ が単調増加であることより，不等式

$$\alpha - \varepsilon < a_N \leq a_{N+1} \leq a_{N+2} \leq \cdots \leq \alpha$$

が得られる．これは

88　第 6 章　イプシロン・デルタ論法入門

$$n \geq N \quad \Longrightarrow \quad |a_n - \alpha| < \varepsilon$$

を示している. □

　この命題は, しばしば「上に有界な単調増加列は収束する」と略記される. 実はこれは前に述べた実数の連続性公理と同値であることが知られている（証明は [12, 定理 1.5] などを参照）. 同様に「下に有界な単調減少列は収束する」という命題も成立する. この命題により, 高校以来懸案であった数列 $a_n = \left(1 + \dfrac{1}{n}\right)^n$ $(n = 1, 2, 3, \ldots)$ の収束を示すことができる（以下の問 6.3.5 を参照）.

▶ **例 6.3.2** 実数列

$$a_n = \sum_{k=1}^{n} \frac{1}{k^2} = \frac{1}{1^2} + \frac{1}{2^2} + \frac{1}{3^2} + \cdots + \frac{1}{n^2} \qquad (n = 1, 2, 3, \ldots)$$

は $n \longrightarrow \infty$ のとき, ある実数 $\alpha \in \mathbb{R}$ に収束することを示そう. この数列が単調増加であることは明らかなので, 上に有界であることを示せばよい. これは高校数学で学んだいわゆる「区分求積法」でも示すことができるが, 以下のように初等的にも示せる:

$$a_n = 1 + \left(\frac{1}{2^2} + \cdots + \frac{1}{n^2}\right) \leq 1 + \frac{1}{1 \cdot 2} + \frac{1}{2 \cdot 3} + \cdots + \frac{1}{(n-1) \cdot n}$$
$$= 1 + \left(\frac{1}{1} - \frac{1}{2}\right) + \left(\frac{1}{2} - \frac{1}{3}\right) + \cdots + \left(\frac{1}{n-1} - \frac{1}{n}\right) = 1 + 1 - \frac{1}{n} < 2.$$

またこの証明により, 極限値 $\alpha = \lim_{n \to \infty} a_n$ が 2 以下であることもわかった.

　上の例の結果は,（高校数学と同様に）「無限級数 $\sum_{k=1}^{\infty} \frac{1}{k^2}$ の和は 2 以下のある実数に収束する」と述べることができる.

問 6.3.1 次で与えられた数列の極限値 α を求めよ. また, $|a_n - \alpha| < 10^{-2}$ $(n \geq N)$ が成り立つためには番号 N がいくつ以上であればよいか調べよ. ただし, a は実定数とする.

(1) $a_n = 2^{-n}$ $(n = 1, 2, \ldots)$,　　　(2) $a_n = n/(n+1)$ $(n = 1, 2, \ldots)$,

(3) $a_1 = a$, $a_{n+1} = a_n/2 + 1$ $(n = 1, 2, \ldots)$.

6.4 関数の極限値　89

問 6.3.2 $a_n = (-1)^n$ で与えられる数列 $\{a_n\}_{n=1}^{\infty}$ は収束しないことを示せ.

問 6.3.3 次の漸化式で与えられる実数列 $\{a_n\}_{n=1}^{\infty}$ が 1 に収束することを示せ.

$$a_1 = 2, \ 3a_{n+1} - 2a_n - 1 = 0$$

問 6.3.4 実数列 $\{b_n\}_{n=1}^{\infty}$ に対して, $\lim_{n \to \infty} b_n = \beta$ であるとする. すべての $n = 1, 2, 3, \ldots$ に対して $b_n \neq 0$ でありかつ $\beta \neq 0$ であれば, ある $K > 0$ が存在して, すべての $n = 1, 2, 3, \ldots$ に対して $|b_n| \geq K > 0$ が成り立つことを示せ.

問 6.3.5 $a_n = \left(1 + \dfrac{1}{n}\right)^n$ で与えられる数列 $\{a_n\}_{n=1}^{\infty}$ は上に有界な単調増加列である（したがって, ある有限の実数に収束する）ことを証明せよ.

問 6.3.6 実数列 $\{a_n\}_{n=1}^{\infty}$ に対して, $\lim_{n \to \infty} a_n = \alpha \in \mathbb{R}$ が成り立つとする. このとき

$$b_n = \frac{a_1 + a_2 + a_3 + \cdots + a_n}{n} \qquad (n = 1, 2, 3, \ldots)$$

で定義される実数列 $\{b_n\}_{n=1}^{\infty}$ に対しても等式 $\lim_{n \to \infty} b_n = \alpha$ が成り立つことを示せ.

問 6.3.7 実数列

$$a_n = \left(1 + \frac{1}{2} + \frac{1}{3} + \cdots + \frac{1}{n}\right) - \log n \qquad (n = 1, 2, 3, \ldots) \tag{6.3.3}$$

を考えよう. 区分求積法を用いて $\{a_n\}_{n=1}^{\infty}$ は正で（狭義）単調減少列であることを示すことにより, $\{a_n\}_{n=1}^{\infty}$ はある実数 $\gamma \in \mathbb{R}$ に収束することを示せ[2].

6.4 関数の極限値

実数直線 $\mathbb{R}$ のある部分集合 $A \subset \mathbb{R}$ の各点で関数 f の値が定められているとき, f は A 上で定義されているという. 高校数学では以下のような極限値を

---

[2] $\gamma = 0.5772\ldots$ は**オイラーの定数**と呼ばれる. 実はオイラーの定数が有理数であるかさえ, まだわかっていない.

90 第6章 イプシロン・デルタ論法入門

用いた.

$$\lim_{x \to 0} \frac{\sin x}{x} = 1, \tag{6.4.1}$$

$$\lim_{x \to a} \frac{f(x) - f(a)}{x - a} = f'(a). \tag{6.4.2}$$

このうち (6.4.1) では,極限をとる関数 $\dfrac{\sin x}{x}$ は $x = 0$ では値が定義されてい

ない.また (6.4.2) では,極限をとる関数 $\dfrac{f(x) - f(a)}{x - a}$ は $x = a$ で定義され

ていない.そこで以下では,関数 $f, g, \ldots$ は点 $a \in \mathbb{R}$ を含むある開区間 I か

ら $\{a\}$ を除いた差集合 $I \setminus \{a\}$ 上定義されていると仮定する.すなわち関数の

値は $x = a$ で定義されていなくてもよい.

定義 6.4.1 $x \longrightarrow a$ とするとき $f(x)$ が**極限値** $\alpha \in \mathbb{R}$ に**収束する**とは,任意

の $\varepsilon > 0$ に対してある(十分小さな)$\delta > 0$ が存在して条件

$$0 < |x - a| < \delta \quad \Longrightarrow \quad |f(x) - \alpha| < \varepsilon \tag{6.4.3}$$

が成り立つことである.またこのとき,$f(x) \longrightarrow \alpha \ (x \longrightarrow a)$ または

$\lim_{x \to a} f(x) = \alpha$ とかく.

注意 6.4.1 ある $\delta > 0$ に対して条件

$$0 < |x - a| < \delta \quad \Longrightarrow \quad |f(x) - \alpha| < \varepsilon$$

が成り立てば,それより小さい $\delta' > 0$ に対しても条件

$$0 < |x - a| < \delta' \quad \Longrightarrow \quad |f(x) - \alpha| < \varepsilon$$

が成り立つ.その意味で「十分小さな」という言葉が添えられている(この言

葉は省略してもよい).

注意 6.4.2 条件の成り立つ $\delta > 0$ は与えられた $\varepsilon > 0$ に依存する.したがっ

て,より詳しく δ を $\delta(\varepsilon)$ とかく教科書もある.

この定義の幾何学的な意味を,以下の図を用いて説明しよう.この図におい

ては，2 つの直線 $y = \alpha - \varepsilon$ と $y = \alpha + \varepsilon$ に囲まれた帯状領域に関数 f のグラフの一部

$$\{(x, f(x)) \in \mathbb{R}^2 \mid 0 < |x - a| < \delta\} \subset \mathbb{R}^2$$

が含まれている．$\lim_{x \to a} f(x) = \alpha$ というのは，帯状領域のたて幅 $2\varepsilon > 0$ をどんなに小さく狭めても，$\delta > 0$ を（それに合わせて）十分小さくとることで同様の包含関係が成り立つようにできることを意味する．

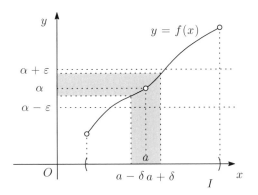

この定義は，以下のように非常に短くかくこともできる：

$$\forall \varepsilon > 0, \exists \delta > 0 \text{ such that } 0 < |x - a| < \delta \implies |f(x) - \alpha| < \varepsilon.$$

数列の収束の場合と同様に，関数の極限値について以下の結果が成り立つ．証明も数列の場合と同様であるが，念のため示しておこう．

<u>命題 6.4.1</u> $\lim_{x \to a} f(x) = \alpha \in \mathbb{R}, \lim_{x \to a} g(x) = \beta \in \mathbb{R}$ が成り立つとする．このとき次が成り立つ：

(1) $\lim_{x \to a} (f(x) + g(x)) = \alpha + \beta$.

(2) $c \in \mathbb{R}$ に対して $\lim_{x \to a} cf(x) = c\alpha$.

(3) $\lim_{x \to a} f(x)g(x) = \alpha\beta$.

(4) すべての $x \in I \setminus \{a\}$ に対して $g(x) \neq 0$ かつ $\beta \neq 0$ ならば，$\lim_{x \to a} \dfrac{f(x)}{g(x)} = \dfrac{\alpha}{\beta}$.

92　第6章　イプシロン・デルタ論法入門

証明　(2), (4) は練習問題（問 6.4.1）として，(1), (3) のみ示す.

(1): $\varepsilon > 0$ を任意の正の実数とする. 条件 $\lim_{x \to a} f(x) = \alpha$ より，ある（十分小さな）実数 $\delta_1 > 0$ が存在して条件

$$0 < |x - a| < \delta_1 \quad \Longrightarrow \quad |f(x) - \alpha| < \frac{\varepsilon}{2}$$

が成り立つ. また条件 $\lim_{x \to a} g(x) = \beta$ より，ある（十分小さな）実数 $\delta_2 > 0$ が存在して条件

$$0 < |x - a| < \delta_2 \quad \Longrightarrow \quad |g(x) - \beta| < \frac{\varepsilon}{2}$$

が成り立つ. $\delta = \min\{\delta_1, \delta_2\} > 0$ とおく. すると三角不等式を用いることで，

$$0 < |x - a| < \delta$$
$$\Longrightarrow \ |(f(x) + g(x)) - (\alpha + \beta)| \leq |f(x) - \alpha| + |g(x) - \beta| < \frac{\varepsilon}{2} + \frac{\varepsilon}{2} = \varepsilon$$

が得られる. これは $\lim_{x \to a} (f(x) + g(x)) = \alpha + \beta$ を示している.

(3): $\varepsilon > 0$ を任意の正の実数とする. ある（十分小さな）実数 $\delta > 0$ が存在して条件

$$0 < |x - a| < \delta \quad \Longrightarrow \quad |f(x)g(x) - \alpha\beta| < \varepsilon$$

が成り立つことを示せばよい. そのために不等式

$$|f(x)g(x) - \alpha\beta| = |f(x)(g(x) - \beta) + (f(x) - \alpha)\beta|$$
$$\leq |f(x)||g(x) - \beta| + |f(x) - \alpha||\beta|$$

を用いる. まず条件 $\lim_{x \to a} f(x) = \alpha$ より，ある（十分小さな）実数 $\delta_0 > 0$ が存在して条件

$$0 < |x - a| < \delta_0 \quad \Longrightarrow \quad |f(x)| < |\alpha| + 1$$

が成り立つ. 一方条件 $\lim_{x \to a} g(x) = \beta$ より，ある（十分小さな）実数 $\delta_1 > 0$ が存在して条件

$$0 < |x - a| < \delta_1 \quad \Longrightarrow \quad |g(x) - \beta| < \frac{\varepsilon}{2(|\alpha| + 1)}$$

が成り立つ. また条件 $\lim_{x \to a} f(x) = \alpha$ より, ある（十分小さな）実数 $\delta_2 > 0$ が存在して条件

$$0 < |x - a| < \delta_2 \quad \Longrightarrow \quad |f(x) - \alpha| < \frac{\varepsilon}{2(|\beta| + 1)}$$

が成り立つ. $\delta = \min\{\delta_0, \delta_1, \delta_2\} > 0$ とおく. すると次が成り立つ:

$$0 < |x - a| < \delta \quad \Longrightarrow \quad |f(x)g(x) - \alpha\beta| < \frac{(|\alpha| + 1)\varepsilon}{2(|\alpha| + 1)} + \frac{|\beta|\varepsilon}{2(|\beta| + 1)} < \varepsilon.$$

これは $\lim_{x \to a} f(x)g(x) = \alpha\beta$ を示している. $\qquad\square$

問 6.4.1 命題 6.4.1 の $(2), (4)$ を証明せよ.

6.5 関数の連続性の定義

以下関数 $f, g, \ldots$ は, ある（開とは限らない）区間 $I \subset \mathbb{R}$ 上定義されていると仮定する.

定義 6.5.1

(1) 関数 f が**点 $a \in I$ で連続である**とは, 任意の $\varepsilon > 0$ に対してある（十分小さな）$\delta > 0$ が存在して条件

$$x \in I \text{ かつ } |x - a| < \delta \quad \Longrightarrow \quad |f(x) - f(a)| < \varepsilon \qquad (6.5.1)$$

が成り立つことである.

(2) 関数 f が I の各点で連続であるとき, f は **I 上連続である**という.

命題 6.4.1 より直ちに次の結果が従う.

命題 6.5.1 関数 f, g は点 $a \in I$ で連続であるとする. このとき次が成り立つ:

(1) 関数 $f + g$ は点 $a \in I$ で連続である.

(2) $c \in \mathbb{R}$ に対して, 関数 cf は点 $a \in I$ で連続である.

(3) 関数 fg は点 $a \in I$ で連続である.

94 第6章 イプシロン・デルタ論法入門

(4) すべての $x \in I$ に対して $g(x) \neq 0$ ならば, 関数 $\dfrac{f}{g}$ は点 $a \in I$ で連続である.

命題 6.5.2 区間 I 内の点列 $\{b_n\}_{n=1}^\infty \subset I$ $(n = 1, 2, 3, \ldots)$ は $n \longrightarrow \infty$ のとき $a \in I$ に収束し, 関数 f は点 $a \in I$ で連続であるとする. このとき $\lim_{n \to \infty} f(b_n) = f(a)$ が成り立つ.

証明 $\varepsilon > 0$ を任意の正の実数とする. このとき f の点 $a \in I$ における連続性により, ある (十分小さな) $\delta > 0$ が存在して条件

$$x \in I \text{ かつ } |x - a| < \delta \quad \Longrightarrow \quad |f(x) - f(a)| < \varepsilon$$

が成り立つ. また条件 $\lim_{n \to \infty} b_n = a$ より, この $\delta > 0$ に対してある (十分大きな) 自然数 N が存在して条件

$$n \geq N \quad \Longrightarrow \quad (b_n \in I \text{ かつ}) \ |b_n - a| < \delta$$

が成り立つ. したがって次が成り立つ:

$$n \geq N \quad \Longrightarrow \quad |f(b_n) - f(a)| < \varepsilon.$$

これは $\lim_{n \to \infty} f(b_n) = f(a)$ を示している. $\qquad\qquad\square$

問 6.5.1 $f(x)$ は実数係数の n 次多項式 $f(x) = \displaystyle\sum_{i=0}^n c_i x^i$ $(c_i \in \mathbb{R}, c_n \neq 0)$ とし, $I = (-\infty, +\infty) = \mathbb{R}$ とする. このとき関数 f は I 上連続であることを示せ.

問 6.5.2 関数 $f(x) = \sin x$, $g(x) = \exp(x)$ が $\mathbb{R}$ 上で連続であることを示せ.

問 6.5.3 関数 f (関数 g) は実数直線のある開区間 $I \subset \mathbb{R}$ $(J \subset \mathbb{R})$ 上で定義された連続関数であるとする. さらに, すべての $x \in I$ に対して条件 $f(x) \in J$ が成り立つとする (したがって合成関数 $g \circ f$ は I 上で定義されている). このとき $g \circ f$ は I 上連続であることを示せ.

6.5 関数の連続性の定義　　95

問 6.5.4　関数 f, g が実数直線のある区間 $I \subset \mathbb{R}$ で定義された連続関数とするとき，$F(x) = \max\{f(x), g(x)\}$ が区間 I で連続であることを示せ.

問 6.5.5　関数 $f(x)$ を $f(x) = |x|/x \ (x \neq 0)$, $f(0) = 0$ と定義する．このとき $f(x)$ は $x = 0$ で連続ではないことを示せ．また，この関数以外に不連続な点をもつ関数の例をあげよ.

第7章

無限級数への応用

7.1 話のまくら

有限個の実数 $a_1, a_2, \ldots, a_n \in \mathbb{R}$ を適当に並べかえて $b_1, b_2, \ldots, b_n \in \mathbb{R}$ とおこう. このとき明らかに $a_1 + \cdots + a_n = b_1 + \cdots + b_n$ である. しかしながらこの常識は, 無限個の実数の和については常に成り立つとは限らない. 例えば無限級数

$$\sum_{n=1}^{\infty} \frac{(-1)^{n-1}}{n} = 1 - \frac{1}{2} + \frac{1}{3} - \frac{1}{4} + \frac{1}{5} - \frac{1}{6} + \cdots\cdots \tag{7.1.1}$$

の和は,（テーラー展開の理論などを用いて）実数値 $\log 2 \in \mathbb{R}$ に収束することが示せる. この無限級数の正の項を 2 個ずつ, 負の項を 3 個ずつと順に加えていくように並べかえてできる級数

$$\left(1 + \frac{1}{3} - \frac{1}{2} - \frac{1}{4} - \frac{1}{6}\right) + \left(\frac{1}{5} + \frac{1}{7} - \frac{1}{8} - \frac{1}{10} - \frac{1}{12}\right) + \cdots\cdots \tag{7.1.2}$$

の和は一体どのような値に収束するであろうか. 実はこの級数 (7.1.2) の和は, (7.1.1) の和 $\log 2 \in \mathbb{R}$ よりも小さい $\log 2 + \frac{1}{2} \log \frac{2}{3} \in \mathbb{R}$ になるのである！さらに驚くべきことに, (7.1.1) を適当に並べかえて新しい無限級数を作ることにより, その和をいかなる実数値にでもできることが知られている. 実際このような「悪魔の級数」とも呼ぶべき無限級数が沢山存在する. (7.1.2) の和が (7.1.1) の和よりも小さくなることの理由は, 直感的には「(7.1.2) は (7.1.1) と異なり, 負の項を正の項より多めにブレンドしつつ加えていくから」と説明することができる. しかしながら, 無限級数の和の計算は非常にデリケートであり, この説明では解釈できない場合も多い. 例えば別の無限級数

$$\sum_{n=1}^{\infty} \frac{(-1)^{n-1}}{n^2} = 1 - \frac{1}{2^2} + \frac{1}{3^2} - \frac{1}{4^2} + \frac{1}{5^2} - \frac{1}{6^2} + \cdots\cdots \qquad (7.1.3)$$

は，いかなる並びかえ方をしても同じ和をもつことが示せる．無限級数 (7.1.1) と (7.1.3) の違いは一体何なのか，これからじっくり考えていこう．

7.2 無限級数の収束の定義

実数列 $\{a_n\}_{n=1}^{\infty}$ の項を順に（収束を考えずに形式的に）足し合わせてできる式

$$\sum_{n=1}^{\infty} a_n = a_1 + a_2 + a_3 + a_4 + a_5 + \cdots\cdots$$

を**無限級数**と呼ぶ．各 $n = 1, 2, 3, \ldots$ に対して

$$s_n = \sum_{k=1}^{n} a_k = a_1 + a_2 + a_3 + \cdots + a_{n-1} + a_n$$

を無限級数 $\displaystyle\sum_{n=1}^{\infty} a_n$ の**第 n 部分和**と呼ぶ．

定義 7.2.1 第 n 部分和の数列 $\{s_n\}_{n=1}^{\infty}$ がある実数 $\sigma \in \mathbb{R}$ に収束するとき，無限級数 $\displaystyle\sum_{n=1}^{\infty} a_n$ （の和）は $\sigma \in \mathbb{R}$ に**収束する**といい，

$$\sum_{n=1}^{\infty} a_n = a_1 + a_2 + a_3 + \cdots = \sigma \qquad (7.2.1)$$

とかく．また，このとき σ を $\displaystyle\sum_{n=1}^{\infty} a_n$ の和という．$\displaystyle\sum_{n=1}^{\infty} a_n$ が収束しないとき，**発散する**という．

▶**例 7.2.1** 初項を $a \in \mathbb{R}$ とし公比を $0 \le r < 1$ とする**無限等比級数** $\displaystyle\sum_{n=1}^{\infty} ar^{n-1}$ の第 n 部分和

$$s_n = \sum_{k=1}^{n} ar^{k-1} = \frac{a(1 - r^n)}{1 - r}$$

に対して $\lim_{n\to\infty} s_n = \dfrac{a}{1-r}$ が成り立つ. したがって $\displaystyle\sum_{n=1}^{\infty} ar^{n-1}$ は $\dfrac{a}{1-r}$ に収束する.

▶ **例** 7.2.2 無限級数

$$\sum_{n=1}^{\infty} \frac{1}{n} = \frac{1}{1} + \frac{1}{2} + \frac{1}{3} + \frac{1}{4} + \frac{1}{5} + \frac{1}{6} + \cdots\cdots$$

は**調和級数**と呼ばれる. これを $1, 1, 2, 2^2, 2^3, 2^4 \ldots$ 個ずつ順に組にして書き直すと

$$\frac{1}{1} + \frac{1}{2} + \left(\frac{1}{3} + \frac{1}{4}\right) + \left(\frac{1}{5} + \frac{1}{6} + \frac{1}{7} + \frac{1}{8}\right) + \cdots\cdots$$

とかける. その各項 $\dfrac{1}{1}, \dfrac{1}{2}, \left(\dfrac{1}{3} + \dfrac{1}{4}\right), \left(\dfrac{1}{5} + \dfrac{1}{6} + \dfrac{1}{7} + \dfrac{1}{8}\right), \ldots$ はすべて $\dfrac{1}{2}$ 以上である. したがって調和級数 $\displaystyle\sum_{n=1}^{\infty} \dfrac{1}{n}$ は正の無限大 ∞ に発散する.

補題 7.2.1　無限級数 $\displaystyle\sum_{n=1}^{\infty} a_n$ がある実数 $\sigma \in \mathbb{R}$ に収束するとする. このとき $\lim_{n\to\infty} a_n = 0$ が成り立つ.

証明　第 n 部分和の数列 $\{s_n\}_{n=1}^{\infty}$ を用いれば, $a_n = s_n - s_{n-1}$ とかける. したがって次が成り立つ:

$$\lim_{n\to\infty} a_n = \lim_{n\to\infty} (s_n - s_{n-1}) = \lim_{n\to\infty} s_n - \lim_{n\to\infty} s_{n-1} = \sigma - \sigma = 0. \quad (7.2.2)$$

$\square$

問 7.2.1　上の補題の逆は成立するか. 成立すればそれを示し, 成立しなければ反例をあげよ.

問 7.2.2　上の補題を用いて無限級数 $\displaystyle\sum_{n=1}^{\infty} \left(1 + \dfrac{1}{n}\right)^n$ は発散することを示せ（ヒント：背理法を用いよ）.

数列の収束と同様, 次の命題が成り立つ.

100 第7章 無限級数への応用

命題 7.2.1 $\displaystyle\sum_{n=1}^{\infty} a_n = \sigma \in \mathbb{R}$, $\displaystyle\sum_{n=1}^{\infty} b_n = \tau \in \mathbb{R}$ が成り立つとする．このとき次が成り立つ：

(1) $\displaystyle\sum_{n=1}^{\infty}(a_n + b_n) = \sigma + \tau$.

(2) c が実数ならば，$\displaystyle\sum_{n=1}^{\infty} ca_n = c\sigma$.

無限級数 (7.1.1) の収束は，次の定理より直ちに従う．

定理 7.2.1 （ライプニッツの定理）実数列 $\{a_n\}_{n=1}^{\infty}$ が非負の単調減少列である，すなわち条件

$$a_1 \geq a_2 \geq a_3 \geq \cdots\cdots \geq 0 \tag{7.2.3}$$

を満たし，$\displaystyle\lim_{n\to\infty} a_n = 0$ が成り立つとする．このとき無限級数 $\displaystyle\sum_{n=1}^{\infty}(-1)^{n-1}a_n$ （これを**交代級数**と呼ぶ）はある実数 $\sigma \in \mathbb{R}$ に収束する．

証明 仮定より，無限級数 $\displaystyle\sum_{n=1}^{\infty}(-1)^{n-1}a_n$ の第 $2n$ 部分和の数列 $\{s_{2n}\}_{n=1}^{\infty}$ について次が成り立つ：

$$s_{2n} = a_1 - (a_2 - a_3) - \cdots - (a_{2n-2} - a_{2n-1}) - a_{2n} \leq a_1,$$

$$s_{2(n+1)} = s_{2n} + (a_{2n+1} - a_{2(n+1)}) \geq s_{2n}.$$

すなわち数列 $\{s_{2n}\}_{n=1}^{\infty}$ は上に有界な単調増加列である．よって実数の連続性公理（命題 6.3.4）により，ある実数 $\sigma \in \mathbb{R}$ に収束する：$\displaystyle\lim_{n\to\infty} s_{2n} = \sigma$. 奇数番目の項 s_{2n-1} $(n = 1, 2, 3, \ldots)$ についても同様の収束

$$\lim_{n\to\infty} s_{2n-1} = \lim_{n\to\infty}(s_{2n} + a_{2n}) = \sigma + 0 = \sigma.$$

が成り立つ． $\square$

問 7.2.3 実数列 $\{a_n\}_{n=1}^{\infty}$ が単調減少列で，$\displaystyle\lim_{n\to\infty} a_n = 0$ であるとする．このとき，以下の級数は収束することを示せ．

$$\sum_{n=1}^{\infty} (-1)^n \frac{a_1 + \cdots + a_n}{n}$$

7.3 正項級数

無限級数の中でも，以下に定義する正項級数は収束発散の判定がしやすい．

定義 7.3.1 無限級数 $\displaystyle\sum_{n=1}^{\infty} a_n$ が**正項級数**であるとは，条件 $a_n \geq 0$ $(n = 1, 2, 3, \ldots)$ が成り立つことをいう．

命題 7.3.1 $\displaystyle\sum_{n=1}^{\infty} a_n$ は正項級数であるとする．このとき $\displaystyle\sum_{n=1}^{\infty} a_n$ が収束するための必要十分条件は，ある実数 M が存在して

$$s_n = a_1 + a_2 + \cdots + a_n \leq M \qquad (n = 1, 2, 3, \ldots) \tag{7.3.1}$$

が成り立つこと（すなわち第 n 部分和の数列 $\{s_n\}_{n=1}^{\infty}$ が上に有界であること）である．

証明 $\displaystyle\sum_{n=1}^{\infty} a_n$ が収束するならば，数列 $\{s_n\}_{n=1}^{\infty}$ は収束し有界である．特に上に有界である．逆に数列 $\{s_n\}_{n=1}^{\infty}$ が上に有界であると仮定しよう．このとき $a_n \geq 0$ という仮定により，$\{s_n\}_{n=1}^{\infty}$ は上に有界な単調増加列である．したがって実数の連続性公理（命題 6.3.4）により，$\{s_n\}_{n=1}^{\infty}$ はある実数に収束する．これは無限級数 $\displaystyle\sum_{n=1}^{\infty} a_n$ の収束を意味する． $\square$

この命題の条件をしばしば

$$\sum_{n=1}^{\infty} a_n = a_1 + a_2 + a_3 + a_4 + a_5 + \cdots < \infty \tag{7.3.2}$$

と略記する．

定理 7.3.1 正項級数 $\displaystyle\sum_{n=1}^{\infty} a_n$ を並べかえてできる正項級数 $\displaystyle\sum_{n=1}^{\infty} b_n$ を考える．こ

のとき，もし $\displaystyle\sum_{n=1}^{\infty} a_n$ がある実数 $\sigma \in \mathbb{R}$ に収束すれば，$\displaystyle\sum_{n=1}^{\infty} b_n$ も収束しその和は $\sigma \in \mathbb{R}$ となる．

証明 $\displaystyle\sum_{n=1}^{\infty} b_n$ は $\displaystyle\sum_{n=1}^{\infty} a_n$ を並べかえて作った級数なので，各 $n = 1, 2, 3, \ldots$ に対してある十分大きな自然数 N が存在して

$$\sum_{k=1}^{n} b_k = b_1 + b_2 + \cdots + b_n \leq \sum_{k=1}^{N} a_k = a_1 + a_2 + \cdots + a_N$$

が成り立つ．$N \longrightarrow \infty$ の極限をとると不等式

$$\sum_{k=1}^{n} b_k = b_1 + b_2 + \cdots + b_n \leq \sigma$$

が得られる．したがって $\displaystyle\sum_{n=1}^{\infty} b_n$ の第 n 部分和の数列 $t_n = \displaystyle\sum_{k=1}^{n} b_k$ $(n = 1, 2, 3, \ldots)$ は上に有界な単調増加列であり，ある実数 $\tau \in \mathbb{R}$ に収束し $\tau \leq \sigma$ が成り立つ．$\displaystyle\sum_{n=1}^{\infty} a_n$ と $\displaystyle\sum_{n=1}^{\infty} b_n$ の役割を取りかえることで，逆向きの不等式 $\sigma \leq \tau$ も示せる．よって $\sigma = \tau$ が示せた． $\square$

<u>命題 7.3.2</u> （ダランベールの収束判定法）正項級数 $\displaystyle\sum_{n=1}^{\infty} a_n$ は条件 $a_n > 0$ $(n = 1, 2, 3, \ldots)$ を満たすとする．このとき次が成り立つ：

(1) ある実数 $0 \leq r < 1$ に対して十分大きな自然数 N が存在して条件

$$n \geq N \qquad \Longrightarrow \qquad \frac{a_{n+1}}{a_n} \leq r \tag{7.3.3}$$

が成り立てば，$\displaystyle\sum_{n=1}^{\infty} a_n$ は収束する．

(2) ある実数 $r \geq 1$ に対して十分大きな自然数 N が存在して条件

$$n \geq N \qquad \Longrightarrow \qquad \frac{a_{n+1}}{a_n} \geq r \tag{7.3.4}$$

が成り立てば, $\displaystyle\sum_{n=1}^{\infty} a_n$ は発散する.

証明 (1) $n \geq N$ ならば

$$a_n \leq r a_{n-1} \leq r^2 a_{n-2} \leq \cdots \leq r^{n-N} a_N$$

が成り立つ. $0 \leq r < 1$ なので,

$$\sum_{n=1}^{\infty} a_n = a_1 + a_2 + a_3 + a_4 + \cdots + a_{N-1} + a_N + a_{N+1} + \cdots$$

$$\leq a_1 + a_2 + a_3 + a_4 + \cdots + a_{N-1} + a_N(1 + r + r^2 + \cdots) < \infty.$$

すなわち $\displaystyle\sum_{n=1}^{\infty} a_n$ は収束する.

(2) $n \geq N$ ならば

$$a_n \geq a_{n-1} \geq a_{n-2} \geq \cdots \geq a_N > 0$$

が成り立つ. よって実数列 $\{a_n\}_{n=1}^{\infty}$ は 0 に収束しないので, $\displaystyle\sum_{n=1}^{\infty} a_n$ は発散する. □

系 7.3.1 正項級数 $\displaystyle\sum_{n=1}^{\infty} a_n$ は条件 $a_n > 0 \ (n = 1, 2, 3, \ldots)$ を満たすとする. このとき次が成り立つ:

(1) 極限値 $\displaystyle\lim_{n \to \infty} \frac{a_{n+1}}{a_n}$ が存在して $0 \leq \displaystyle\lim_{n \to \infty} \frac{a_{n+1}}{a_n} < 1$ ならば, $\displaystyle\sum_{n=1}^{\infty} a_n$ は収束する.

(2) 極限値 $\displaystyle\lim_{n \to \infty} \frac{a_{n+1}}{a_n}$ が存在して $\displaystyle\lim_{n \to \infty} \frac{a_{n+1}}{a_n} > 1$ ならば, $\displaystyle\sum_{n=1}^{\infty} a_n$ は発散する.

問 7.3.1 次の級数の収束・発散を判定せよ. ただし, a は $a > 1$ なる定数とする.

(1) $\displaystyle\sum_{n=1}^{\infty} \frac{n^k}{n!}$ 　　　　　　　　(2) $\displaystyle\sum_{n=1}^{\infty} \frac{1 \cdot 3 \cdot \cdots \cdot (2n-1)}{n!}$

104   第 7 章　無限級数への応用

(3) $\displaystyle\sum_{n=1}^{\infty} \frac{2^{n-1}}{1 + a^{2n-1}}$

命題 7.3.3　（コーシーの収束判定法）$\displaystyle\sum_{n=1}^{\infty} a_n$ は正項級数とする．このとき次が成り立つ：

(1) ある実数 $0 \leq r < 1$ に対して十分大きな自然数 N が存在して条件

$$n \geq N \qquad \Longrightarrow \qquad \sqrt[n]{a_n} \leq r \qquad\qquad (7.3.5)$$

が成り立てば，$\displaystyle\sum_{n=1}^{\infty} a_n$ は収束する．

(2) $r \geq 1$ とする．任意の自然数 N に対してある $n \geq N$ が存在して $\sqrt[n]{a_n} \geq r$ が成り立てば，$\displaystyle\sum_{n=1}^{\infty} a_n$ は発散する．

証明　(1) $n \geq N$ ならば $a_n \leq r^n$ が成り立つ．$0 \leq r < 1$ なので，

$$\sum_{n=1}^{\infty} a_n = a_1 + a_2 + a_3 + a_4 + \cdots + a_{N-1} + a_N + a_{N+1} + \cdots$$
$$\leq a_1 + a_2 + a_3 + a_4 + \cdots + a_{N-1} + r^N(1 + r + r^2 + \cdots) < \infty.$$

すなわち $\displaystyle\sum_{n=1}^{\infty} a_n$ は収束する．

(2) 簡単なので証明は各自に任せる．　　　　　　　　　　　　□

問 7.3.2　次の級数の収束・発散を判定せよ．

(1) $\displaystyle\sum_{n=2}^{\infty} \frac{1}{(\log n)^n}$ 　　　　(2) $\displaystyle\sum_{n=1}^{\infty} \left(1 + \frac{1}{n}\right)^{-n^2}$ 　　　　(3) $\displaystyle\sum_{n=1}^{\infty} \frac{n}{2^n}$

　命題 7.3.3 は，以下に説明する「数列の上極限」という概念を用いるとより簡明に記述することができる．まず上に有界な非負の実数列 $\{a_n\}_{n=1}^{\infty}$ を考えよう．各 $n = 1, 2, 3, \ldots$ に対して，実数直線 $\mathbb{R}$ の部分集合 $\{a_n, a_{n+1}, \ldots\}$ も上に有界なのでその上限 $\sup\{a_n, a_{n+1}, \ldots\} \geq 0$ を $b_n \geq 0$ とおくことにしよう．

すると定義より明らかに $\{b_n\}_{n=1}^{\infty}$ は下に有界な単調減少列になる。したがって実数の連続性公理（命題 6.3.4）により，その極限値が存在する。$\{a_n\}_{n=1}^{\infty}$ の上極限 $\varlimsup\limits_{n\to\infty} a_n \in \mathbb{R}$ を

$$\varlimsup_{n\to\infty} a_n = \lim_{n\to\infty} b_n = \lim_{n\to\infty}\left(\sup\{a_n, a_{n+1}, \ldots\}\right) \tag{7.3.6}$$

で定義する。上に有界でない非負の実数列 $\{a_n\}_{n=1}^{\infty}$ に対しては，$\varlimsup\limits_{n\to\infty} a_n = \infty$ とおく。

系 7.3.2 $\displaystyle\sum_{n=1}^{\infty} a_n$ は正項級数とする。このとき次が成り立つ:

(1) $0 \le \varlimsup\limits_{n\to\infty} \sqrt[n]{a_n} < 1$ ならば，$\displaystyle\sum_{n=1}^{\infty} a_n$ は収束する。

(2) $\varlimsup\limits_{n\to\infty} \sqrt[n]{a_n} > 1$ ならば，$\displaystyle\sum_{n=1}^{\infty} a_n$ は発散する。

7.4 絶対収束と条件収束

定義 7.4.1 無限級数 $\displaystyle\sum_{n=1}^{\infty} a_n$ が**絶対収束する**とは，各項の絶対値をとって得られる正項級数 $\displaystyle\sum_{n=1}^{\infty} |a_n|$ が収束することをいう。

例えば交代級数 (7.1.1) は，絶対収束しないが収束する無限級数の例である。また交代級数 (7.1.3) が絶対収束することは，第 6 章の例 6.3.2 で学んだ。絶対収束する無限級数は必ず収束し，それをどのように並べかえても和の値が変わらないことを示そう。無限級数 $\displaystyle\sum_{n=1}^{\infty} a_n$ に対して

$$a_n^+ = \max\{a_n, 0\} \ge 0, \qquad a_n^- = \max\{-a_n, 0\} \ge 0$$

で定義される 2 つの正項級数 $\displaystyle\sum_{n=1}^{\infty} a_n^+$ および $\displaystyle\sum_{n=1}^{\infty} a_n^-$ を考えよう。このとき各 $n = 1, 2, 3, \ldots$ に対して等式

$$|a_n| = a_n^+ + a_n^-, \qquad a_n = a_n^+ - a_n^-$$

が成立することに注意せよ. 4つの無限級数 $\displaystyle\sum_{n=1}^{\infty} a_n,\ \sum_{n=1}^{\infty} |a_n|,\ \sum_{n=1}^{\infty} a_n^+,\ \sum_{n=1}^{\infty} a_n^-$ の第 n 部分和をそれぞれ s_n, s_n', s_n^+, s_n^- とおくと次が成り立つ：

$$s_n' = s_n^+ + s_n^-, \qquad s_n = s_n^+ - s_n^-.$$

定理 7.4.1 無限級数 $\displaystyle\sum_{n=1}^{\infty} a_n$ は絶対収束すると仮定する. このとき $\displaystyle\sum_{n=1}^{\infty} a_n$ は収束する. また $\displaystyle\sum_{n=1}^{\infty} a_n$ を並べかえてできる任意の無限級数 $\displaystyle\sum_{n=1}^{\infty} b_n$ も収束し, その和の値は $\displaystyle\sum_{n=1}^{\infty} a_n$ と等しい.

証明 仮定より, $\displaystyle\sum_{n=1}^{\infty} |a_n|$ の第 n 部分和の数列 $\{s_n'\}_{n=1}^{\infty}$ は上に有界である. よって等式 $s_n' = s_n^+ + s_n^-$ $(s_n^{\pm} \geq 0)$ より, $\{s_n^+\}_{n=1}^{\infty}$ と $\{s_n^-\}_{n=1}^{\infty}$ も上に有界である. したがって正項級数 $\displaystyle\sum_{n=1}^{\infty} a_n^+$ と $\displaystyle\sum_{n=1}^{\infty} a_n^-$ はともに収束し,

$$\sum_{n=1}^{\infty} a_n = \sum_{n=1}^{\infty} (a_n^+ - a_n^-) = \sum_{n=1}^{\infty} a_n^+ - \sum_{n=1}^{\infty} a_n^-$$

も収束する. これで定理の前半部の証明が終わった. 後半部の証明に入ろう. $\displaystyle\sum_{n=1}^{\infty} b_n$ は $\displaystyle\sum_{n=1}^{\infty} a_n$ を並べかえてできる無限級数とする. $\displaystyle\sum_{n=1}^{\infty} a_n$ の場合と同じように, 正項級数 $\displaystyle\sum_{n=1}^{\infty} b_n^+$ と $\displaystyle\sum_{n=1}^{\infty} b_n^-$ を定義する. するとこれらはそれぞれ $\displaystyle\sum_{n=1}^{\infty} a_n^+$ と $\displaystyle\sum_{n=1}^{\infty} a_n^-$ を並べかえた級数になっている. したがって定理 7.3.1 により等式 $\displaystyle\sum_{n=1}^{\infty} b_n^{\pm} = \sum_{n=1}^{\infty} a_n^{\pm}$ （複号同順）が成り立つ. 以上により定理の後半部の主張

$$\sum_{n=1}^{\infty} b_n = \sum_{n=1}^{\infty} b_n^+ - \sum_{n=1}^{\infty} b_n^- = \sum_{n=1}^{\infty} a_n^+ - \sum_{n=1}^{\infty} a_n^- = \sum_{n=1}^{\infty} a_n$$

7.4 絶対収束と条件収束　107

が得られた. □

交代級数 (7.1.3) は絶対収束するので，この定理によりそれをどのように並べかえても和の値は変化しないことがわかる．一方，交代級数 (7.1.1) は絶対収束しないので，それを並べかえることで和の値が変化しうる．交代級数 (7.1.1) は以下で定義される条件収束する級数の例になっている．

定義 7.4.2　無限級数 $\displaystyle\sum_{n=1}^{\infty} a_n$ は絶対収束しないが収束するとき，**条件収束する**という．

定理 7.4.1 を用いると，系 7.3.1 と 系 7.3.2（の証明）より直ちに以下の（正項級数とは限らない）一般の無限級数の収束発散の判定条件が得られる．

命題 7.4.1　（ダランベールの収束判定法）無限級数 $\displaystyle\sum_{n=1}^{\infty} a_n$ は条件 $a_n \neq 0$ $(n = 1, 2, 3, \dots)$ を満たすとする．このとき次が成り立つ:

(1) 極限値 $\displaystyle\lim_{n\to\infty} \left|\frac{a_{n+1}}{a_n}\right|$ が存在して $0 \leq \displaystyle\lim_{n\to\infty} \left|\frac{a_{n+1}}{a_n}\right| < 1$ ならば，$\displaystyle\sum_{n=1}^{\infty} a_n$ は収束する．

(2) 極限値 $\displaystyle\lim_{n\to\infty} \left|\frac{a_{n+1}}{a_n}\right|$ が存在して $\displaystyle\lim_{n\to\infty} \left|\frac{a_{n+1}}{a_n}\right| > 1$ ならば，$\displaystyle\sum_{n=1}^{\infty} a_n$ は発散する．

命題 7.4.2　（コーシーの収束判定法）無限級数 $\displaystyle\sum_{n=1}^{\infty} a_n$ に対して次が成り立つ:

(1) $0 \leq \displaystyle\varlimsup_{n\to\infty} \sqrt[n]{|a_n|} < 1$ ならば，$\displaystyle\sum_{n=1}^{\infty} a_n$ は収束する．

(2) $\displaystyle\varlimsup_{n\to\infty} \sqrt[n]{|a_n|} > 1$ ならば，$\displaystyle\sum_{n=1}^{\infty} a_n$ は発散する．

問 7.4.1　$\displaystyle\sum_{n=1}^{\infty} \left(\sqrt{n+1} - \sqrt{n}\right) x^n$ が収束する実数 x の範囲を求めよ．

問 7.4.2　無限級数 (7.1.2) の和は $\log 2 + \dfrac{1}{2} \log \dfrac{2}{3}$ となることを証明せよ（ヒント：問 6.3.7 を用いよ）．

第 8 章

実数の連続性再論

この章では,実数の連続性公理を用いることにより Bolzano-Weierstrass の定理を証明する.また,それを数列の収束のための条件(コーシー列)や連続関数に応用する.

8.1 コーシー列

これまで数列の収束の厳密な定義とそれに付随する基本的な性質を学んできた.しかしながら,実数列 $\{a_n\}_{n=1}^{\infty}$ の収束先 $\alpha \in \mathbb{R}$ があらかじめ与えられていない場合は,その収束を数列の収束の定義を用いて直接示すことは事実上不可能である.さらに $\{a_n\}_{n=1}^{\infty}$ が単調増加でも単調減少でもない場合は,命題 6.3.4 を用いることもできない.そこで次の条件を代わりにチェックすることで収束を示すことが多い.

定義 8.1.1 実数列 $\{a_n\}_{n=1}^{\infty}$ が**コーシー列**(または**基本列**)であるとは,任意の $\varepsilon > 0$ に対してある(十分大きな)自然数 N が存在して条件

$$n, m \geq N \quad \Longrightarrow \quad |a_n - a_m| < \varepsilon \tag{8.1.1}$$

が成り立つことである.

次の定理の証明には少し準備を要する(ただし「必要条件」の方は非常に簡単に示せる)ので,この章の後半で証明を与える.

定理 8.1.1 実数列 $\{a_n\}_{n=1}^{\infty}$ がある実数 $\alpha \in \mathbb{R}$ に収束するための必要十分条件は,$\{a_n\}_{n=1}^{\infty}$ がコーシー列であることである.

問 8.1.1 上の定理の「必要条件」の部分を示せ.すなわち,(ある実数 $\alpha \in \mathbb{R}$

110   第 8 章　実数の連続性再論

に）収束する実数列 $\{a_n\}_{n=1}^{\infty}$ はコーシー列であることを示せ.

問 8.1.2 $0 \leq r < 1$ とする. 実数列 $\{a_n\}_{n=1}^{\infty}$ に対して,

$$|a_{n+1} - a_n| \leq r|a_n - a_{n-1}| \quad (n = 2, 3, \dots)$$

であれば, $\{a_n\}_{n=1}^{\infty}$ はコーシー列になることを示せ.

問 8.1.3 コーシー列は有界であることを示せ.

8.2　Bolzano-Weierstrass の定理

定義 8.2.1 　実数列 $\{a_n\}_{n=1}^{\infty}$ および $\{b_n\}_{n=1}^{\infty}$ を考える. このとき $\{b_n\}_{n=1}^{\infty}$ が $\{a_n\}_{n=1}^{\infty}$ の**部分列**であるとは, ある狭義単調増加な自然数列

$$m_1 < m_2 < m_3 < \cdots\cdots \qquad (m_1, m_2, \dots \in \mathbb{N})$$

が存在して $b_n = a_{m_n}$ $(n = 1, 2, 3, \dots)$ が成り立つことである.

▶ **例 8.2.1** 有界な実数列 $a_n = (-1)^n + \dfrac{1}{n}$ $(n = 1, 2, 3, \dots)$ を考える. このとき $m_n = 2n$ $(n = 1, 2, 3, \dots)$ および

$$b_n = a_{m_n} = a_{2n} = 1 + \frac{1}{2n} \qquad (n = 1, 2, 3, \dots)$$

とおくことで, 実数列 $\{a_n\}_{n=1}^{\infty}$ の部分列 $\{b_n\}_{n=1}^{\infty}$ が得られる. $\{a_n\}_{n=1}^{\infty}$ は収束しないが, $\{b_n\}_{n=1}^{\infty}$ は $1 \in \mathbb{R}$ に収束することに注意せよ.

　補題 6.3.1 より収束する実数列は有界である. 逆に有界な実数列は収束するとは限らないが, 上の例 8.2.1 の一般化である次の基本的な事実が成立する.

定理 8.2.1 　（**Bolzano-Weierstrass の定理**）　有界な実数列は必ず収束する部分列をもつ.

証明　実数列 $\{a_n\}_{n=1}^{\infty}$ は有界とする. このとき, ある十分大きな実数 $M > 0$ が存在して条件

$$-M \leq a_n \leq M \qquad (n = 1, 2, 3, \dots)$$

が成り立つ. つまり $\alpha = -M$ および $\beta = M$ とおくと

$$a_n \in [\alpha, \beta] \qquad (n = 1, 2, 3, \ldots)$$

が成り立つ. ここで 2 つの閉区間 $\left[\alpha, \dfrac{\alpha + \beta}{2}\right], \left[\dfrac{\alpha + \beta}{2}, \beta\right] \subset \mathbb{R}$ に対して等式

$$[\alpha, \beta] = \left[\alpha, \frac{\alpha + \beta}{2}\right] \cup \left[\frac{\alpha + \beta}{2}, \beta\right]$$

が成り立つので, 区間 $\left[\alpha, \dfrac{\alpha + \beta}{2}\right], \left[\dfrac{\alpha + \beta}{2}, \beta\right]$ のうち少なくとも 1 つは無限個の n に対する a_n を含む. その 1 つを $[\alpha_1, \beta_1] \subset [\alpha, \beta]$ とおき, ある 1 つの元 $a_{m_1} \in [\alpha_1, \beta_1]$ を選ぶ. 同様に等式

$$[\alpha_1, \beta_1] = \left[\alpha_1, \frac{\alpha_1 + \beta_1}{2}\right] \cup \left[\frac{\alpha_1 + \beta_1}{2}, \beta_1\right]$$

が成り立つので, 区間 $\left[\alpha_1, \dfrac{\alpha_1 + \beta_1}{2}\right], \left[\dfrac{\alpha_1 + \beta_1}{2}, \beta_1\right]$ のうち少なくとも 1 つは無限個の n に対する a_n を含む. その 1 つを $[\alpha_2, \beta_2] \subset [\alpha_1, \beta_1]$ とおき, ある 1 つの元 $a_{m_2} \in [\alpha_2, \beta_2]$ $(m_2 > m_1)$ を選ぶ. 以下この操作を繰り返すことで閉区間の減少列

$$[\alpha, \beta] \supset [\alpha_1, \beta_1] \supset [\alpha_2, \beta_2] \supset [\alpha_3, \beta_3] \supset \cdots\cdots$$

および $\{a_n\}_{n=1}^{\infty}$ の部分列 $\{a_{m_n}\}_{n=1}^{\infty}$ $(m_1 < m_2 < m_3 < \cdots)$ であって条件

$$a_{m_n} \in [\alpha_n, \beta_n] \qquad (n = 1, 2, 3, \ldots)$$

を満たすものが得られる. すなわち各 $n = 1, 2, 3, \ldots$ に対して不等式

$$\alpha \leq \alpha_1 \leq \cdots\cdots \leq \alpha_n \leq a_{m_n} \leq \beta_n \leq \cdots\cdots \leq \beta_1 \leq \beta \tag{8.2.1}$$

が成立する. ここで実数列 $\{\alpha_n\}_{n=1}^{\infty}$ $(\{\beta_n\}_{n=1}^{\infty})$ は上に有界 (下に有界) な単調増加列 (単調減少列) なので, ある実数 $A \in \mathbb{R}$ $(B \in \mathbb{R})$ に収束する:

112 第 8 章 実数の連続性再論

$$\lim_{n\to\infty} \alpha_n = A, \qquad \lim_{n\to\infty} \beta_n = B.$$

さらに不等式 (8.2.1) より，$\alpha_n \leq A \leq B \leq \beta_n \ (n = 1, 2, 3, \ldots)$ が示せる．ところが不等式

$$0 \leq B - A \leq \beta_n - \alpha_n = \frac{1}{2^n}(\beta - \alpha) = \frac{M}{2^{n-1}}$$

がすべての $n = 1, 2, 3, \ldots$ に対して成り立つので，$A = B$ でなければならない．すなわち等式

$$\lim_{n\to\infty} \alpha_n = \lim_{n\to\infty} \beta_n = A = B$$

が得られた．よってはさみうちの定理により，それらにはさまれた数列 $\{a_{m_n}\}_{n=1}^{\infty}$ も同じ値 $A = B$ に収束する． $\qquad\square$

この定理の証明に用いられた方法を**区間縮小法**と呼ぶ．高校で学んだ中間値の定理も区間縮小法を用いて厳密な証明を与えることができる（[12, 定理 8.1] を参照）．

問 8.2.1 $a_1 \in \mathbb{R}$ とする．漸化式 $a_{n+1} = \dfrac{a_n + 1}{2} \ (n = 1, 2, \ldots)$ により数列 $\{a_n\}_{n=1}^{\infty}$ を定める．このとき，区間縮小法を用いて，$\{a_n\}_{n=1}^{\infty}$ が収束することを示せ．また，その極限を求めよ．

8.3 Bolzano-Weierstrass の定理の応用

以下 Bolzano-Weierstrass の定理の重要な応用をいくつか述べよう．

定理 8.3.1 （定理 8.1.1）実数列 $\{a_n\}_{n=1}^{\infty}$ が（ある実数に）収束するための必要十分条件は，$\{a_n\}_{n=1}^{\infty}$ がコーシー列であることである．

証明 必要性は問 8.1.1 で示した．よって，ここでは十分性を示そう．実数列 $\{a_n\}_{n=1}^{\infty}$ はコーシー列であると仮定する．すなわち任意の $\varepsilon > 0$ に対してある十分大きな $N > 0$ が存在して条件

$$n, m \geq N \qquad \Longrightarrow \qquad |a_n - a_m| < \varepsilon$$

が成り立つとする．このとき問 8.1.3 より数列 $\{a_n\}_{n=1}^{\infty}$ は有界なので，Bolzano-Weierstrass の定理により $\{a_n\}_{n=1}^{\infty}$ の部分列 $\{a_{m_n}\}_{n=1}^{\infty}$ であってある実数 $\alpha \in \mathbb{R}$ に収束するものが存在する．さて $\varepsilon > 0$ を正の実数としよう．すると $\{a_n\}_{n=1}^{\infty}$ はコーシー列であるので，ある十分大きな $N_1 > 0$ が存在して条件

$$n, m \geq N_1 \qquad \Longrightarrow \qquad |a_n - a_m| < \frac{\varepsilon}{2}$$

が成り立つ．一方，上の部分列 $\{a_{m_n}\}_{n=1}^{\infty}$ は $\alpha \in \mathbb{R}$ に収束するので，ある十分大きな $N_2 > 0$ が存在して条件

$$n \geq N_2 \qquad \Longrightarrow \qquad |a_{m_n} - \alpha| < \frac{\varepsilon}{2}$$

が成り立つ．よって $N = \max\{N_1, N_2\}$ とおくと次が成り立つ：

$$n \geq N \qquad \Longrightarrow \qquad |a_n - \alpha| \leq |a_n - a_{m_n}| + |a_{m_n} - \alpha| < \frac{\varepsilon}{2} + \frac{\varepsilon}{2} = \varepsilon$$

（$n \geq N$ ならば $m_n \geq n$ より $m_n \geq N$ も成り立つことを用いた）．これは数列 $\{a_n\}_{n=1}^{\infty}$ が $\alpha \in \mathbb{R}$ に収束することを示している． $\square$

問 8.3.1 無限級数 $\displaystyle\sum_{k=1}^{\infty} a_k$ が収束するとする．この級数の部分和 $S_n = \displaystyle\sum_{k=1}^{n} a_k$ に対するコーシー列を考えることで，$\displaystyle\lim_{n \to \infty} a_n = 0$ となることを示せ．

問 8.3.2 無限級数 $\displaystyle\sum_{n=1}^{\infty} a_n$ が絶対収束するとき，定理 8.3.1 を用いて $\displaystyle\sum_{n=1}^{\infty} a_n$ が収束することを示せ．

有界閉区間上の連続関数についての以下の定理は，微積分におけるロルの定理，平均値の定理，テーラーの定理などの証明の基礎として大変重要である．

$\boxed{\text{定理 8.3.2}}$ 関数 f は**有界閉区間** $I = [\alpha, \beta] \subset \mathbb{R}$ 上連続であるとする．このとき f は $I = [\alpha, \beta]$ 上で最大値および最小値をもつ．

以下の例からもわかるように，この定理における区間 $I = [\alpha, \beta]$ が有界かつ閉という仮定はどちらも落とすことができない．

114　第 8 章　実数の連続性再論

▶ 例 8.3.1

(1) 有界でない区間 $I = [0, +\infty) \subset \mathbb{R}$ を考えよう. このとき $f(x) = e^x$ で定義される関数 f は I 上で連続であるが, I 上での最大値をもたない（最小値 $f(0) = 1 \in \mathbb{R}$ は存在する）.

(2) 有界であるが閉でない区間 $I = (0, 1] \subset \mathbb{R}$ を考えよう. このとき $f(x) = x^2$ で定義される関数 f は I 上で連続であるが, I 上での最小値をもたない（最大値 $f(1) = 1 \in \mathbb{R}$ は存在する）.

　定理 8.3.2 の証明を以下に述べる.

証明　最大値の存在のみを示す（最小値の存在の証明もまったく同様である）. まず関数 f による区間 $I = [\alpha, \beta] \subset \mathbb{R}$ の像

$$f(I) = \{f(x) \mid x \in I = [\alpha, \beta]\} \subset \mathbb{R}$$

が実数直線 $\mathbb{R}$ の上に有界な部分集合であることを示そう. そのために背理法を用いる. すなわち部分集合 $f(I) \subset \mathbb{R}$ が上に有界でないと仮定する. すると任意の自然数 $n \in \mathbb{N}$ に対してある点 $a_n \in I = [\alpha, \beta]$ が存在して $f(a_n) > n$ が成り立つ. こうして得られる有界閉区間 I に含まれる有界な実数列 $\{a_n\}_{n=1}^{\infty}$ に Bolzano-Weierstrass の定理を適用すると, 数列 $\{a_n\}_{n=1}^{\infty}$ のある収束部分列 $\{a_{m_n}\}_{n=1}^{\infty}$ が得られる：

$$\lim_{n \to \infty} a_{m_n} = A \in I = [\alpha, \beta]$$

（はさみうちの定理により数列 $\{a_{m_n}\}_{n=1}^{\infty}$ の収束先 $A \in \mathbb{R}$ は閉区間 $I = [\alpha, \beta]$ 内にあることがわかる）. さらに f が点 $A \in I = [\alpha, \beta]$ で連続であることを用いると, 命題 6.5.2 より等式

$$\lim_{n \to \infty} f(a_{m_n}) = f(\lim_{n \to \infty} a_{m_n}) = f(A) \in \mathbb{R}$$

が得られる. これは $\lim_{n \to \infty} f(a_{m_n}) = +\infty$ $(f(a_{m_n}) > m_n \geq n$ を用いた) であることに矛盾する. 以上により $f(I) \subset \mathbb{R}$ が上に有界であることがわかったので, その上限を

$$M = \sup f(I) \in \mathbb{R}$$

とおく. このとき各自然数 $n \in \mathbb{N}$ に対して (M より小さい) $M - \dfrac{1}{n}$ はもはや $f(I) \subset \mathbb{R}$ の上界ではないので, ある点 $b_n \in I = [\alpha, \beta]$ が存在して不等式

$$M - \frac{1}{n} < f(b_n) \leq M$$

が成り立つ. こうして得られる有界閉区間 I に含まれる有界な実数列 $\{b_n\}_{n=1}^{\infty}$ に Bolzano-Weierstrass の定理を適用すると, 数列 $\{b_n\}_{n=1}^{\infty}$ のある収束部分列 $\{b_{\mu_n}\}_{n=1}^{\infty}$ が得られる:

$$\lim_{n \to \infty} b_{\mu_n} = B \in I = [\alpha, \beta].$$

さらに f の点 $B \in I = [\alpha, \beta]$ での連続性より次の等式が得られる:

$$f(B) = \lim_{n \to \infty} f(b_{\mu_n}) = M.$$

よって f が点 $B \in I = [\alpha, \beta]$ で区間 I 上での最大値 M をとることが示せた.

□

第9章

関数列の一様収束

9.1 関数列の一様収束とその応用

実数直線 $\mathbb{R}$ 内の区間 $I \subset \mathbb{R}$ 上で定義された関数の列 $f_1(x), f_2(x), \ldots$ を考えよう. これを区間 I 上の**関数列**と呼び $\{f_n\}_{n=1}^{\infty}$ と記す.

定義 9.1.1 f は区間 I 上で定義された関数とする. このとき関数列 $\{f_n\}_{n=1}^{\infty}$ が f に I 上で**各点収束**するとは, 任意の点 $a \in I$ に対して実数列 $\{f_n(a)\}_{n=1}^{\infty}$ が $f(a) \in \mathbb{R}$ に収束することである. また, このとき f を関数列 $\{f_n\}_{n=1}^{\infty}$ の**極限関数**と呼ぶ.

▶**例 9.1.1** 有界閉区間 $I = [0,1] \subset \mathbb{R}$ 上の連続関数列 $f_n(x) = x^n$ $(n = 1, 2, 3, \ldots)$ を考える. また I 上の関数 f を次で定義する:

$$f(x) = \begin{cases} 0 & (0 \le x < 1), \\ 1 & (x = 1). \end{cases}$$

このとき関数列 $\{f_n\}_{n=1}^{\infty}$ は f に $I = [0,1]$ 上で各点収束する.

この例からもわかるように, 連続関数列の各点収束先（極限関数）は連続関数になるとは限らない.

定義 9.1.2 f は区間 I 上で定義された関数とする. このとき関数列 $\{f_n\}_{n=1}^{\infty}$ が f に I 上で**一様収束**するとは, 任意の $\varepsilon > 0$ に対してある十分大きな $N > 0$ が存在して, 条件

$$n \ge N,\ x \in I \quad \Longrightarrow \quad |f_n(x) - f(x)| < \varepsilon \tag{9.1.1}$$

が成り立つことである.

関数列 $\{f_n\}_{n=1}^\infty$ が f に I 上で一様収束するならば，明らかに各点収束する．しかしながら，以下の例 9.1.2 のようにその逆は成立しない．一様収束を示すためには，任意に与えられた $\varepsilon > 0$ に対して「すべての $x \in I$ に対して条件

$$n \geq N \quad \Longrightarrow \quad |f_n(x) - f(x)| < \varepsilon$$

が一斉に成り立つような」（$x \in I$ によらない）共通の $N > 0$ の存在を示す必要がある．各点収束を示す場合は，この $N > 0$ は各点 $x \in I$ ごとに選ぶことができることに注意せよ．また一様収束という条件は，次のように言いかえることもできる：

任意の $\varepsilon > 0$ に対してある十分大きな $N > 0$ が存在して次が成り立つ：

$$n \geq N \quad \Rightarrow \quad \sup_{x \in I} |f_n(x) - f(x)| < \varepsilon.$$

すなわち直感的にいって一様収束とは，関数列 $\{f_n\}_{n=1}^\infty$ が区間 I 上で一様の（同じ）スピードで極限関数 f に収束することである．

▶ **例 9.1.2** 例 9.1.1 の $I = [0, 1]$, $\{f_n\}_{n=1}^\infty$ および f を考える．このとき関数列 $\{f_n\}_{n=1}^\infty$ は f に I 上で一様収束しないことが以下のようにしてわかる．勝手に与えられた 1 より小さい $1 > \varepsilon > 0$ に対して，各 $n = 1, 2, 3, \ldots$ で不等式 $|f_n(x) - f(x)| < \varepsilon$ が成立しない $x \in I$ の範囲を図示すると次のようになる：

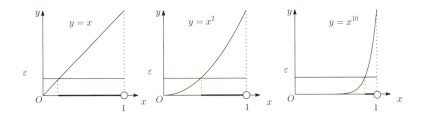

この図より，自然数 n をどんなに大きくとっても不等式 $|f_n(x) - f(x)| < \varepsilon$ が成立しない $x \in I$ が存在することがわかる．つまり，この $1 > \varepsilon > 0$ に対して「すべての $x \in I$ に対して条件

$$n \geq N \quad \Longrightarrow \quad |f_n(x) - f(x)| < \varepsilon$$

9.1 関数列の一様収束とその応用　119

が一斉に成り立つような」（$x \in I$ によらない）共通の $N > 0$ は存在しない．よって関数列 $\{f_n\}_{n=1}^{\infty}$ は f に I 上で一様収束しないことが示せた．

問 9.1.1　上の例で図を用いて直感的に示した以下の主張を，関数 $f_n(x) = x^n$ が点 $1 \in I = [0,1]$ で連続であることを用いて厳密に証明せよ．

主張：自然数 n をどんなに大きくとっても，不等式 $|f_n(x) - f(x)| < \varepsilon$ が成立しない $x \in I$ が存在する．

区間 I 上の関数列 $\{f_n\}_{n=1}^{\infty}$ の各点収束先（極限関数）f がわからない場合でも，以下の命題を用いれば多くの場合にその一様収束を示すことができる．

命題 9.1.1　区間 I 上の関数列 $\{f_n\}_{n=1}^{\infty}$ を考える．任意の $\varepsilon > 0$ に対してある十分大きな $N > 0$ が存在して**コーシーの条件**

$$n, m \geq N, \ x \in I \quad \Longrightarrow \quad |f_n(x) - f_m(x)| < \varepsilon \tag{9.1.2}$$

が成り立つとする．このとき $\{f_n\}_{n=1}^{\infty}$ は（ある I 上定義された関数 f に）I 上で一様収束する．

証明　仮定より各 $x \in I$ に対して実数列 $\{f_n(x)\}_{n=1}^{\infty}$ はコーシー列となるので，定理 8.3.1 によりある実数 $\alpha_x \in \mathbb{R}$ に収束する．区間 I 上の関数 f を

$$f(x) = \alpha_x \qquad (x \in I)$$

で定義する．このとき関数列 $\{f_n(x)\}_{n=1}^{\infty}$ は f に各点収束する：

$$\lim_{n \to \infty} f_n(x) = f(x) \qquad (x \in I).$$

また仮定により，任意の $\varepsilon > 0$ に対してある十分大きな $N > 0$ が存在して条件

$$n, m \geq N, \ x \in I \quad \Longrightarrow \quad |f_n(x) - f_m(x)| < \frac{\varepsilon}{2}$$

が成り立つが，$m \longrightarrow +\infty$ による極限をとることで

$$n \geq N, \ x \in I \quad \Longrightarrow \quad |f_n(x) - f(x)| \leq \frac{\varepsilon}{2} < \varepsilon$$

120　第 9 章　関数列の一様収束

が得られる．これは関数列 $\{f_n\}_{n=1}^{\infty}$ が f に I 上で一様収束することを示している．　　　　　　　　　　　　　　　　　　　　　　　　　　　□

　例 9.1.1 では，連続関数列 $\{f_n\}_{n=1}^{\infty}$ の各点収束先（極限関数）f が必ずしも連続にならないことを学んだ．しかしながら以下の基本的な命題により，一様収束の場合はそのような病的な現象が起こらないことがわかる．

命題 9.1.2　区間 $I \subset \mathbb{R}$ 上の連続関数列 $\{f_n\}_{n=1}^{\infty}$ が関数 f に I 上で一様収束するとする．このとき極限関数 f も I 上連続である．

証明　区間 I の各点 $c \in I$ で極限関数 f が連続であることを示せばよい．$c \in I$ とする．さらに $\varepsilon > 0$ を正の実数とする．このとき $\{f_n\}_{n=1}^{\infty}$ が f に一様収束することにより，ある十分大きな $N > 0$ が存在して条件

$$n \geq N, \ x \in I \quad \Longrightarrow \quad |f_n(x) - f(x)| < \frac{\varepsilon}{3}$$

が成り立つ．ここで関数 f_N は点 $c \in I$ で連続であるから，ある十分小さな $\delta > 0$ が存在して次が成り立つ：

$$|x - c| < \delta, \ x \in I \quad \Longrightarrow \quad |f_N(x) - f_N(c)| < \frac{\varepsilon}{3}.$$

したがって，これらを組み合わせることで次が得られる：

$$|x - c| < \delta, \ x \in I \quad \Longrightarrow$$
$$|f(x) - f(c)| \leq |f(x) - f_N(x)| + |f_N(x) - f_N(c)| + |f_N(c) - f(c)|$$
$$< \frac{\varepsilon}{3} + \frac{\varepsilon}{3} + \frac{\varepsilon}{3} = \varepsilon.$$

これは関数 f が点 $c \in I$ で連続であることを示している．　　　　　□

9.2　べき級数への応用

　以上の関数列の一様収束の一般論を，べき級数

$$\sum_{n=0}^{\infty} a_n x^n = a_0 + a_1 x + a_2 x^2 + \cdots\cdots \qquad (a_0, a_1, a_2, \ldots \in \mathbb{R})$$

9.2 べき級数への応用　　121

に応用しよう. べき級数は無限次の多項式（整式）ともいえるもので自然な数学的対象であるが, それが収束する実数 $x \in \mathbb{R}$ の範囲は次のように求まる. まず, べき級数 $\displaystyle\sum_{n=0}^{\infty} a_n x^n$ の**収束半径** R を次で定義する：

$$R = \frac{1}{\varlimsup_{n \to \infty} \sqrt[n]{|a_n|}}.$$

ここで上極限

$$\varlimsup_{n \to \infty} \sqrt[n]{|a_n|} = \lim_{n \to \infty} \sup \left\{ \sqrt[n]{|a_n|}, \sqrt[n+1]{|a_{n+1}|}, \ldots\ldots \right\}$$

が $0 \ (+\infty)$ の場合は $R = +\infty \ (R = 0)$ とおく. このとき命題 7.4.2 より直ちに次の定理が得られる.

定理 9.2.1

(1) $|x| < R \ (\Longleftrightarrow x \in (-R, R) \subset \mathbb{R})$ ならば, 無限級数 $\displaystyle\sum_{n=0}^{\infty} a_n x^n$ は絶対収束（したがって特に収束）する.

(2) $|x| > R \ (\Longleftrightarrow x \in \mathbb{R} \setminus [-R, R])$ ならば, 無限級数 $\displaystyle\sum_{n=0}^{\infty} a_n x^n$ は発散する.

　このように $x \in \mathbb{R}$ の絶対値 $|x|$ が収束半径 R より大きいか小さいかによって, べき級数 $\displaystyle\sum_{n=0}^{\infty} a_n x^n$ の発散と収束ががらりと入れかわるのは, 大変興味深い現象である. つぎの命題は収束半径の計算において非常に有用である.

命題 9.2.1　極限値 $\displaystyle\lim_{n \to \infty} \left| \frac{a_n}{a_{n+1}} \right|$ が存在するならば, 次が成り立つ：

$$\lim_{n \to \infty} \left| \frac{a_n}{a_{n+1}} \right| = R = \frac{1}{\varlimsup_{n \to \infty} \sqrt[n]{|a_n|}}.$$

証明　命題 7.4.1 より, 無限級数 $\displaystyle\sum_{n=0}^{\infty} a_n x^n$ は

$$\lim_{n \to \infty} \left| \frac{a_{n+1} x^{n+1}}{a_n x^n} \right| < 1 \qquad \Longleftrightarrow \qquad |x| < \lim_{n \to \infty} \left| \frac{a_n}{a_{n+1}} \right|$$

122 第 9 章 関数列の一様収束

ならば収束し，

$$\lim_{n\to\infty}\left|\frac{a_{n+1}x^{n+1}}{a_nx^n}\right| > 1 \qquad \Longleftrightarrow \qquad |x| > \lim_{n\to\infty}\left|\frac{a_n}{a_{n+1}}\right|$$

ならば発散する．この結果を定理 9.2.1 の主張と比べると

$$\lim_{n\to\infty}\left|\frac{a_n}{a_{n+1}}\right| = R$$

が直ちに得られる． □

各 $n \geq 1$ に対してべき級数 $\sum_{n=0}^{\infty} a_nx^n$ の第 n 部分和 $f_n(x)$ を次で定義する：

$$f_n(x) = a_0 + a_1x + a_2x^2 + \cdots\cdots + a_nx^n. \tag{9.2.1}$$

これは n 次の多項式（整式）なので，実数直線 $\mathbb{R}$ 上の連続関数を定める．こうして得られる $\mathbb{R}$ 上の連続関数列 $\{f_n\}_{n=1}^{\infty}$ は，上の定理 9.2.1 (1) より開区間 $(-R, R) \subset \mathbb{R}$ 上（ある極限関数に）各点収束する．ところが残念なことに，これが一様収束であることは示すことができない．しかしながら，以下の定理のように区間 $(-R, R)$ を少し縮めてやれば，より小さい区間の上では一様収束を示すことができる．

定理 9.2.2 収束半径 R は 0 でないと仮定する．このとき任意の $0 < r < R$ に対して，関数列 $\{f_n\}_{n=1}^{\infty}$ は，有界閉区間 $I = [-r, r] \subset \mathbb{R}$ 上で（ある極限関数に）一様収束する．

証明 関数列 $\{f_n\}_{n=1}^{\infty}$ が有界閉区間 $I = [-r, r]$ 上で命題 9.1.1 のコーシーの条件を満たすことをチェックすればよい．不等式 $0 < r < \rho < R$ を満たす正の実数 $\rho > 0$ を 1 つとり固定する．このとき定理 9.2.1 (1) より無限級数

$$\sum_{n=0}^{\infty} |a_n|\rho^n \tag{9.2.2}$$

は収束する．したがって特に

$$\lim_{n\to\infty} |a_n|\rho^n = 0 \tag{9.2.3}$$

が成り立ち，収束数列 $\{|a_n|\rho^n\}_{n=1}^{\infty}$ は有界である．すなわち，ある十分大きな $M > 0$ に対して次が成り立つ：

$$|a_n|\rho^n \leq M \qquad (n = 1, 2, 3, \ldots).$$

よって $x \in I = [-r, r]$ $(\Longleftrightarrow |x| \leq r)$ ならば，任意の2つの自然数 $n \geq m$ に対し次が成り立つ：

$$|f_n(x) - f_m(x)| = |a_{m+1}x^{m+1} + \cdots + a_n x^n|$$
$$\leq \sum_{k=m+1}^{n} |a_k| r^k = \sum_{k=m+1}^{n} |a_k|\rho^k \times \left(\frac{r}{\rho}\right)^k$$
$$\leq M \sum_{k=m+1}^{n} \left(\frac{r}{\rho}\right)^k \leq \frac{M\left(\frac{r}{\rho}\right)^{m+1}}{1 - \frac{r}{\rho}}.$$

ここで $\dfrac{r}{\rho} < 1$ に注意すると，任意の $\varepsilon > 0$ に対してある十分大きな $N > 0$ が存在してコーシーの条件

$$n, m \geq N, \ x \in I \qquad \Longrightarrow \qquad |f_n(x) - f_m(x)| < \varepsilon$$

が成り立つことがわかる．よって命題 9.1.1 により，関数列 $\{f_n\}_{n=1}^{\infty}$ は，有界閉区間 $I = [-r, r]$ 上で（ある極限関数に）一様収束する． $\qquad\square$

この定理により，関数列 $\{f_n\}_{n=1}^{\infty}$ は開区間 $(-R, R)$ に含まれる任意の有界閉区間 I 上で一様収束することがわかる．このことを「べき級数 $\displaystyle\sum_{n=0}^{\infty} a_n x^n$ は開区間 $(-R, R)$ 上で**広義一様収束する**」という．また定理 9.2.2 と命題 9.1.2 より，直ちに次の結果が得られる．

系 9.2.1 べき級数 $\displaystyle\sum_{n=0}^{\infty} a_n x^n$ の開区間 $(-R, R) \subset \mathbb{R}$ 上での各点収束先（極限関数）は，$(-R, R)$ 上で連続である．

この系の開区間 $(-R, R)$ 上の連続関数を $\displaystyle\sum_{n=0}^{\infty} a_n x^n$ と記す．この関数は $(-R, R)$ 上で連続であるだけでなく，実は何回でも微分可能であることが知

124   第 9 章　関数列の一様収束

られている．例えば $\sum_{n=0}^{\infty} a_n x^n$ の導関数は，その項別微分により得られるべき

級数 $\sum_{n=1}^{\infty} n a_n x^{n-1}$ と一致することが示せる．べき級数 $\sum_{n=1}^{\infty} n a_n x^{n-1}$ も同じ収

束半径 R をもつことは計算

$$\varlimsup_{n\to\infty} \sqrt[n-1]{n|a_n|} = \left(\lim_{n\to\infty} \sqrt[n-1]{n} \right) \times \left\{ \varlimsup_{n\to\infty} \exp\left(\frac{1}{n-1} \log|a_n| \right) \right\}$$

$$= \exp\left(\varlimsup_{n\to\infty} \frac{1}{n-1} \log|a_n| \right) = \exp\left(\varlimsup_{n\to\infty} \frac{1}{n} \log|a_n| \right)$$

$$= \varlimsup_{n\to\infty} \sqrt[n]{|a_n|}$$

よりわかる（ここで指数関数が単調増加な連続関数であることを用いた）.

問 9.2.1　次のべき級数の収束半径を求めよ.

(1) $\displaystyle\sum_{n=1}^{\infty} \left(1 + \frac{1}{n} \right)^{n^2} x^n$

(2) $\displaystyle\sum_{n=1}^{\infty} \frac{x^n}{n!}$

(3) $\displaystyle\sum_{n=1}^{\infty} \frac{(-1)^{n+1} x^{2n-1}}{(2n-1)!}$

(4) $\displaystyle\sum_{n=0}^{\infty} x^{n!}$

問 9.2.2　実数直線 $\mathbb{R}$ 上の関数列 $\{f_n\}_{n=1}^{\infty}$ を $f_n(x) = x e^{-nx^2}$ $(n = 1, 2, \dots)$ で定義する．このとき，$\{f_n\}_{n=1}^{\infty}$ が $\mathbb{R}$ 上一様収束することを以下の手順で示せ.

(1) 関数列 $\{f_n(x)\}_{n=1}^{\infty}$ の極限関数 $f(x)$ を求めよ.

(2) 関数 $|f_n(x) - f(x)|$ の最大値を求めよ.

(3) $\displaystyle\sup_{x\in\mathbb{R}} |f_n(x) - f(x)| \to 0$ $(n \to \infty)$ を示すことで，関数列 $\{f_n\}_{n=1}^{\infty}$ が f に 実数直線 $\mathbb{R}$ 上で一様収束することを示せ.

問 9.2.3　区間 I 上の関数列 $\{f_n\}_{n=1}^{\infty}$ に対し，関数項級数 $\displaystyle\sum_{n=1}^{\infty} f_n(x)$ を考える．

$M_n \geq 0$, $\displaystyle\sum_{n=1}^{\infty} M_n < \infty$ を満たす M_n によって，任意の $x \in I$ に対して評価

$|f_n(x)| \leq M_n \, (n = 1, 2, \dots)$ が成り立つとする．このとき，$\displaystyle\sum_{n=1}^{\infty} f_n(x)$ は I 上

で一様に収束することを示せ.

第10章

多変数の微積分に向けて

この教科書を終えるにあたり，これまで学んだ一変数の関数に関する諸結果がどのように多変数の場合（すなわち高次元）に拡張されるのかを紹介しよう.

10.1 ユークリッド空間の開集合と閉集合

n 次元ユークリッド空間 $\mathbb{R}^n$ の大切な部分集合として開集合や閉集合がある．これらは大学の初年級で学ぶ多変数の微積分学において関数の定義域として非常に重要な役割を果たす．n 次元ユークリッド空間 $\mathbb{R}^n$ の 2 点 $P = (a_1, a_2, \ldots, a_n)$, $Q = (b_1, b_2, \ldots, b_n) \in \mathbb{R}^n$ の距離 $d(P, Q) \geq 0$ を

$$d(P, Q) = \sqrt{\sum_{i=1}^{n} (b_i - a_i)^2} \geq 0$$

により定める．このとき $d(P, Q) = d(Q, P)$ や三角不等式 $d(P, R) \leq d(P, Q) + d(Q, R)$ が成り立つ．三角不等式の証明のためには，以下に紹介するシュワルツの不等式が有用である．まず $\mathbb{R}^n$ の 2 つのベクトル

$$\vec{x} = \begin{pmatrix} x_1 \\ x_2 \\ \vdots \\ x_n \end{pmatrix}, \quad \vec{y} = \begin{pmatrix} y_1 \\ y_2 \\ \vdots \\ y_n \end{pmatrix} \in \mathbb{R}^n$$

の内積を $\vec{x} \cdot \vec{y} = \sum_{i=1}^{n} x_i y_i \in \mathbb{R}$ と定める．明らかに $\vec{x} \cdot \vec{x}$, $\vec{y} \cdot \vec{y} \geq 0$ が成り立つ．また $\mathbb{R}^n$ の 2 点 $P = (a_1, a_2, \ldots, a_n), Q = (b_1, b_2, \ldots, b_n) \in \mathbb{R}^n$ の位置ベクトル $\vec{a} = {}^t(a_1, a_2, \ldots, a_n), \vec{b} = {}^t(b_1, b_2, \ldots, b_n)$ に対して

126   第 10 章　多変数の微積分に向けて

$$d(P, Q) = \sqrt{(\vec{b} - \vec{a}) \cdot (\vec{b} - \vec{a})}$$

が成り立つ.

補題 10.1.1　（シュワルツの不等式）$\mathbb{R}^n$ の任意の 2 つのベクトル $\vec{a}, \vec{b} \in \mathbb{R}^n$ に対して不等式

$$(\vec{a} \cdot \vec{a})(\vec{b} \cdot \vec{b}) \geq (\vec{a} \cdot \vec{b})^2$$

が成り立つ.

証明　任意の実数 $t \in \mathbb{R}$ に対して不等式

$$(t\vec{a} + \vec{b}) \cdot (t\vec{a} + \vec{b})$$
$$= (\vec{a} \cdot \vec{a})t^2 + 2(\vec{a} \cdot \vec{b})t + (\vec{b} \cdot \vec{b}) \geq 0$$

が成り立つ. これを t の 2 次式とみれば, その判別式は ≤ 0 である:

$$4(\vec{a} \cdot \vec{b})^2 - 4(\vec{a} \cdot \vec{a})(\vec{b} \cdot \vec{b}) \leq 0.$$

$\square$

問 10.1.1　シュワルツの不等式を用いて三角不等式 $d(P, R) \leq d(P, Q) + d(Q, R)$ を証明せよ.

定義 10.1.1　正の実数 $\varepsilon > 0$ に対して, 点 $P \in \mathbb{R}^n$ の ε–近傍 $U_\varepsilon(P) \subset \mathbb{R}^n$ を

$$U_\varepsilon(P) = \{Q \in \mathbb{R}^n \mid d(P, Q) < \varepsilon\} \subset \mathbb{R}^n$$

により定義する.

　$n = 2$（$n = 3$）の場合, これは点 P を中心とし半径 $\varepsilon > 0$ の境界円（球面）を含まない円板（球体）である. 以下 $D \subset \mathbb{R}^n$ は $\mathbb{R}^n$ のある部分集合とし, $E = D^c \subset \mathbb{R}^n$ をその補集合とする. このとき $\mathbb{R}^n$ の各点 $P \in \mathbb{R}^n$ は次の 3 条件のいずれか 1 つ（のみ）を満たす:

(i) ある $\varepsilon > 0$ に対して $U_\varepsilon(P) \subset D$ が成り立つ.
(ii) ある $\varepsilon > 0$ に対して $U_\varepsilon(P) \subset E$ が成り立つ.
(iii) 任意の $\varepsilon > 0$ に対して $U_\varepsilon(P) \cap E \neq \emptyset$ および $U_\varepsilon(P) \cap D \neq \emptyset$ が成り立つ.

実際, $U_\varepsilon(P) \cap E \neq \emptyset$ ($U_\varepsilon(P) \cap D \neq \emptyset$) であることと, $U_\varepsilon(P)$ が $D = E^c$ ($E = D^c$) の部分集合でないことは同値である.

<u>定義 10.1.2</u>
(1) 点 $P \in \mathbb{R}^n$ が D の**内点**であるとは, ある $\varepsilon > 0$ に対して $U_\varepsilon(P) \subset D$ が成り立つことである.
(2) 点 $P \in \mathbb{R}^n$ が D の**外点**であるとは, ある $\varepsilon > 0$ に対して $U_\varepsilon(P) \subset E = D^c$ が成り立つことである.
(3) 点 $P \in \mathbb{R}^n$ が D の**境界点**であるとは, 任意の $\varepsilon > 0$ に対して $U_\varepsilon(P) \cap E \neq \emptyset$ および $U_\varepsilon(P) \cap D \neq \emptyset$ が成り立つことである.

すなわち $\mathbb{R}^n$ の各点 $P \in \mathbb{R}^n$ は D の内点, 外点, 境界点のいずれかになる. 上の定義により, $P \in \mathbb{R}^n$ が D の外点であることと $E = D^c$ の内点であることは同値である. D の内点全体のなす $\mathbb{R}^n$ の部分集合を D の**内部**と呼び D° と記す. 明らかに $D^\circ \subset D$ が成り立つ. また E° は D の外点全体のなす $\mathbb{R}^n$ の部分集合となる. D の境界点全体のなす $\mathbb{R}^n$ の部分集合を D の**境**

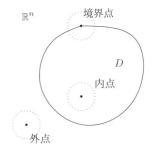

界と呼び ∂D と記す. このとき上の定義の (3) の条件での D と $E = D^c$ の対称性により, 点 $P \in \mathbb{R}^n$ が D の境界点であることと E の境界点であることは同値である. すなわち $\partial D = \partial E$ が成り立つ. 以上により, $\mathbb{R}^n$ は D°, $\partial D = \partial E$, E° という 3 つの部分集合の無縁和 (disjoint union) になる:

$$\mathbb{R}^n = D^\circ \sqcup \partial D \sqcup E^\circ.$$

$D^\circ \subset D$ かつ $D \cap E = \emptyset$, 特に $D \cap E^\circ = \emptyset$ であるので

128   第 10 章　多変数の微積分に向けて

$$D^\circ \subset D \subset D^\circ \sqcup \partial D$$

が成り立つ．すなわち D はその内部 D° に境界 ∂D の一部を加えたものである．

定義 10.1.3 D のすべての点 $P \in D$ が D の内点である（すなわち $D = D^\circ$ が成り立つ）とき，D は $\mathbb{R}^n$ の**開集合**であるという．

▶ 例 10.1.1
(1) $\mathbb{R}^n$ の空部分集合 $\emptyset$ および全体集合 $\mathbb{R}^n$ は $\mathbb{R}^n$ の開集合である．
(2) 実数直線 $\mathbb{R}^1 = \mathbb{R}$ の開区間 $I = (a,b) \subset \mathbb{R}$ $(a < b)$ は $\mathbb{R}$ の開集合である．
(3) $\mathbb{R}^2$ の部分集合 $D = \{(x,y) \in \mathbb{R}^2 \mid 0 < x^2 + y^2 < 1\} \subset \mathbb{R}^2$ は $\mathbb{R}^2$ の開集合である．

補題 10.1.2 D の内部 $D^\circ \subset D$ は $\mathbb{R}^n$ の開集合である．

証明 $P \in D^\circ$ とする．すなわち，ある $\varepsilon > 0$ に対して $U_\varepsilon(P) \subset D$ が成り立つとする．このとき任意の $Q \in U_\varepsilon(P)$ に対して，不等式 $d(P,Q) < \varepsilon$ が成り立つので

$$\delta = \varepsilon - d(P,Q) > 0$$

とおくと包含関係

$$U_\delta(Q) \subset U_\varepsilon(P) \subset D$$

が成り立つ．実際，$R \in U_\delta(Q)$ ならば

$$d(Q,R) < \delta \implies d(P,R) \le d(P,Q) + d(Q,R) < \varepsilon$$

となり $R \in U_\varepsilon(P)$ が成り立つ（以下の図を参照）．

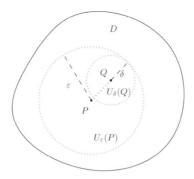

すなわち任意の $Q \in U_\varepsilon(P)$ は D の内点であり，$U_\varepsilon(P) \subset D^\circ$ が成り立つ．これは D° が開集合であることを意味する． □

定義 10.1.4　D のすべての境界点 $P \in \partial D$ が D に含まれる（すなわち $D = D^\circ \sqcup \partial D$ が成り立つ）とき，D は $\mathbb{R}^n$ の**閉集合**であるという．

命題 10.1.1　D が閉集合であることと，その補集合 $E = D^c$ が開集合であることは同値である．

証明　D が閉集合すなわち $D = D^\circ \sqcup \partial D$ が成り立つとしよう．このとき

$$\mathbb{R}^n = D^\circ \sqcup \partial D \sqcup E^\circ$$

より $E = D^c = E^\circ$ となる．すなわち E は開集合になる．逆も同様にして示せる． □

命題 10.1.1 と補題 10.1.2 より $D^\circ \sqcup \partial D$ は $\mathbb{R}^n$ の閉集合である．これを D の**閉包**と呼び $\overline{D}$ と記す．すなわち D が閉集合であるとは $D = \overline{D}$ が成り立つことである．

▶ 例 10.1.2
(1) $\mathbb{R}^n$ の空部分集合 $\emptyset$ および全体集合 $\mathbb{R}^n$ は $\mathbb{R}^n$ の閉集合である．
(2) 実数直線 $\mathbb{R}^1 = \mathbb{R}$ の閉区間 $I = [a, b] \subset \mathbb{R}$ ($a \leq b$) は $\mathbb{R}$ の閉集合である．
(3) $\mathbb{R}^2$ の部分集合 $D = \{(x, y) \in \mathbb{R}^2 \mid 1 \leq x^2 + y^2 \leq 2\} \subset \mathbb{R}^2$ は $\mathbb{R}^2$ の閉集合である．

130   第 10 章　多変数の微積分に向けて

補題 10.1.3

(1) $\mathbb{R}^n$ の部分集合 D_1, D_2 に対して $D_1 \subset D_2$ が成り立つとする．このとき $\overline{D_1} \subset \overline{D_2}$ が成り立つ．

(2) $\mathbb{R}^n$ の部分集合 D に対して $\overline{\overline{D}} = \overline{D}$ が成り立つ．

証明　(1): $E_1 = D_1^c$, $E_2 = D_2^c$ とおく．このとき $E_2 \subset E_1$ であるので，明らかに $E_2^\circ \subset E_1^\circ$ が成り立つ．これより

$$\overline{D_1} = (E_1^\circ)^c \subset (E_2^\circ)^c = \overline{D_2}$$

となる．

(2): $K = \overline{D}$ とおく．このとき K は閉集合なので

$$K = K^\circ \sqcup \partial K$$

が成り立つ．また閉包の定義により，

$$\overline{K} = K^\circ \sqcup \partial K$$

が成り立つ．よって $\overline{\overline{D}} = \overline{K} = K = \overline{D}$ となる． □

問 10.1.2　D の閉包 $\overline{D}$ は $\mathbb{R}^n$ の D を含む最小の閉部分集合であることを示せ．

問 10.1.3　$\mathbb{R}^n$ の部分集合 $D_1, D_2 \subset \mathbb{R}^n$ およびそれらの補集合 $E_1, E_2 \subset \mathbb{R}^n$ に対し次の問いに答えよ．

(1) $(E_1 \cap E_2)^\circ = E_1^\circ \cap E_2^\circ$ を示せ．

(2) $\overline{D_1 \cup D_2} = \overline{D_1} \cup \overline{D_2}$ を示せ．

(3) $\overline{D_1 \cap D_2} = \overline{D_1} \cap \overline{D_2}$ は成り立つか．成り立たない場合は反例をあげよ．

　次の補題の証明は開集合の定義より明らかであろう．

補題 10.1.4

(1) $U_1, U_2, \ldots, U_k \subset \mathbb{R}^n$ を $\mathbb{R}^n$ の開集合とする．このとき $\bigcap_{i=1}^{k} U_i \subset \mathbb{R}^n$ も $\mathbb{R}^n$ の開集合である．

(2) $V_i \subset \mathbb{R}^n$ $(i \in I)$ を $\mathbb{R}^n$ の開集合とする（ここで添え字集合 I は無限集合でもよい）．このとき $\bigcup_{i \in I} V_i \subset \mathbb{R}^n$ も $\mathbb{R}^n$ の開集合である．

問 10.1.4 補題 10.1.4 の (1) の主張を確認せよ．

問 10.1.5 補題 10.1.4 の (1) の主張は無限個の開集合については成り立たない．そのような例を作れ．

命題 10.1.1 およびド・モルガンの法則より，次の補題も直ちに得られる．

補題 10.1.5

(1) $S_1, S_2, \ldots, S_k \subset \mathbb{R}^n$ を $\mathbb{R}^n$ の閉集合とする．このとき $\bigcup_{i=1}^{k} S_i \subset \mathbb{R}^n$ も $\mathbb{R}^n$ の閉集合である．

(2) $T_i \subset \mathbb{R}^n$ $(i \in I)$ を $\mathbb{R}^n$ の閉集合とする（ここで添え字集合 I は無限集合でもよい）．このとき $\bigcap_{i \in I} T_i \subset \mathbb{R}^n$ も $\mathbb{R}^n$ の閉集合である．

10.2 多変数の連続関数

$\mathbb{R}^n$ の点列 $\{P_j\}_{j=1}^{\infty} \subset \mathbb{R}^n$ の収束を 1 次元の場合と同様に次のように定義する．

定義 10.2.1 $\mathbb{R}^n$ の点列 $\{P_j\}_{j=1}^{\infty} \subset \mathbb{R}^n$ が点 $Q \in \mathbb{R}^n$ に**収束する**とは，任意の $\varepsilon > 0$ に対してある（十分大きな）自然数 N が存在して条件

$$j \geq N \qquad \Longrightarrow \qquad d(P_j, Q) < \varepsilon \tag{10.2.1}$$

が成り立つことである．このとき，$P_j \longrightarrow Q$ $(j \longrightarrow \infty)$ または $\lim_{j \to \infty} P_j = Q$ とかく．

問 10.2.1 $P_j = (a_1^j, a_2^j, \ldots, a_n^j)$ および $Q = (b_1, b_2, \ldots, b_n)$ とする．このとき $\lim_{j \to \infty} P_j = Q$ は任意の $1 \leq i \leq n$ に対して $\lim_{j \to \infty} a_i^j = b_i$ が成り立つことと同値であることを示せ．

132   第 10 章　多変数の微積分に向けて

補題 10.2.1 $\mathbb{R}^n$ の閉部分集合 $D \subset \mathbb{R}^n$ の点列 $\{P_j\}_{j=1}^{\infty} \subset D$ がある点 $Q \in \mathbb{R}^n$ に収束するとする．このとき $Q \in D$ が成り立つ．

証明　背理法により証明する．結論を否定して $Q \in D^c$ が成り立つとする．命題 10.1.1 より D^c は開集合なので，ある $\varepsilon > 0$ が存在して $U_\varepsilon(Q) \subset D^c$ が成り立つ．ここで仮定によりある（十分大きな）自然数 N が存在して条件

$$j \geq N \quad \Longrightarrow \quad P_j \in U_\varepsilon(Q) \subset D^c \tag{10.2.2}$$

が成り立つ．特に $P_N \notin D$ となる．これは $\{P_j\}_{j=1}^{\infty}$ が $D \subset \mathbb{R}^n$ の点列であることに矛盾する．　　　　　　　　　　　　　　　　　　　　　　　　□

　以下 n 変数の関数 $f(x) = f(x_1, x_2, \ldots, x_n)$, $g(x) = g(x_1, x_2, \ldots, x_n)$ などは $\mathbb{R}^n$ のある部分集合 $D \subset \mathbb{R}^n$ 上定義されているものとしよう．D を関数 f, g などの**定義域**と呼ぶ．

定義 10.2.2 $Q \in \overline{D}$ とする．このとき（D 内で）$P \longrightarrow Q$ とするとき $f(x)$ が**極限値** $\alpha \in \mathbb{R}$ に収束するとは，任意の $\varepsilon > 0$ に対してある（十分小さな）$\delta > 0$ が存在して条件

$$P \in D, \, 0 < d(P, Q) < \delta \quad \Longrightarrow \quad |f(P) - \alpha| < \varepsilon \tag{10.2.3}$$

が成り立つことである．またこのとき，$f(P) \longrightarrow \alpha$ $(P \longrightarrow Q)$ または $\lim_{P \to Q} f(P) = \alpha$ とかく．

　一変数の関数の場合と同様に，以下の結果が成り立つ．

命題 10.2.1 $\lim_{P \to Q} f(P) = \alpha \in \mathbb{R}$, $\lim_{P \to Q} g(P) = \beta \in \mathbb{R}$ が成り立つとする．このとき次が成り立つ：

(1) $\lim_{P \to Q} (f(P) + g(P)) = \alpha + \beta$.

(2) $c \in \mathbb{R}$ に対して，$\lim_{P \to Q} cf(P) = c\alpha$.

(3) $\lim_{P \to Q} f(P)g(P) = \alpha\beta$.

(4) すべての $P \in D \setminus \{Q\}$ に対して $g(P) \neq 0$ かつ $\beta \neq 0$ ならば，

$$\lim_{P \to Q} \frac{f(P)}{g(P)} = \frac{\alpha}{\beta}.$$

定義 10.2.3

(1) 関数 f が点 $Q \in D$ で**連続**であるとは，任意の $\varepsilon > 0$ に対してある（十分小さな）$\delta > 0$ が存在して条件

$$P \in D, \ d(P,Q) < \delta \quad \Longrightarrow \quad |f(P) - f(Q)| < \varepsilon \qquad (10.2.4)$$

が成り立つことである．

(2) 関数 f が D の各点で連続であるとき，f は D **上連続**であるという．

命題 10.2.1 より直ちに次の結果が従う．

命題 10.2.2 　関数 f, g は点 $Q \in D$ で連続であるとする．このとき次が成り立つ：

(1) 関数 $f + g$ は点 $Q \in D$ で連続である．

(2) $c \in \mathbb{R}$ に対して，関数 cf は点 $Q \in D$ で連続である．

(3) 関数 fg は点 $Q \in D$ で連続である．

(4) すべての $P \in D$ に対して $g(P) \neq 0$ ならば，関数 $\dfrac{f}{g}$ は点 $Q \in D$ で連続である．

また次の結果も一変数関数の場合とまったく同様に示せる．

命題 10.2.3 　集合 D 内の点列 $\{P_j\}_{j=1}^{\infty} \subset D$ は点 $Q \in D$ に収束し，関数 f は点 $Q \in D$ で連続であるとする．このとき $\lim_{j \to \infty} f(P_j) = f(Q)$ が成り立つ．

問 10.2.2 　$f : \mathbb{R}^n \longrightarrow \mathbb{R}$ を連続関数とする．また $I = (a, b) \subset \mathbb{R} \ (a < b)$ は実数直線 $\mathbb{R}$ の開区間とする．このとき I の f による逆像 $f^{-1}(I) \subset \mathbb{R}^n$ は $\mathbb{R}^n$ の開集合であることを示せ．

定義 10.2.4 　$\mathbb{R}^n$ の部分集合 $D \subset \mathbb{R}^n$ が**有界**であるとは，ある（十分大きな）$M > 0$ が存在して包含関係

$$D \subset \{P \in \mathbb{R}^n \mid d(P, O) \leq M\}$$

134   第 10 章　多変数の微積分に向けて

が成り立つことである．ここで $O \in \mathbb{R}^n$ は $\mathbb{R}^n$ の原点を表す．

　一変数の関数の場合と同様に次の結果が成り立つ．

定理 10.2.1 関数 f は $\mathbb{R}^n$ の有界な閉部分集合 $D \subset \mathbb{R}^n$ 上連続であるとする．このとき f は D 上で最大値および最小値をもつ．

　この定理は一変数の関数のときと同様に以下の Bolzano-Weierstrass の定理を用いて証明することができる．$\mathbb{R}^n$ の有界閉集合をしばしば**コンパクト集合**と呼ぶ．

定理 10.2.2 $\{P_j\}_{j=1}^{\infty}$ は $\mathbb{R}^n$ の有界な閉部分集合 $D \subset \mathbb{R}^n$ の点列とする．このとき $\{P_j\}_{j=1}^{\infty}$ は収束する部分列をもつ．

　補題 10.2.1 より，この定理の収束列の収束先の点は D に属することに注意せよ．

問 10.2.3 $\mathbb{R}^1$ の場合の Bolzano-Weierstrass の定理を繰り返し適用することにより上の定理を証明せよ．

10.3　発展事項（多変数の微積分のあらまし）

　大学の初年次で学ぶ多変数の微積分のあらまし（概要）を述べてこの教科書をしめくくることにしよう．

定義 10.3.1 $\mathbb{R}^n$ の開集合 $D \subset \mathbb{R}^n$ 上定義された関数 $f(x) = f(x_1, \ldots, x_n)$ が点 $Q = (a_1, a_2, \ldots, a_n) \in D$ において x_i について**偏微分可能**であるとは極限値

$$\lim_{x_i \to a_i} \frac{f(a_1, \ldots, a_{i-1}, x_i, a_{i+1}, \ldots, a_n) - f(a_1, \ldots, a_{i-1}, a_i, a_{i+1}, \ldots, a_n)}{x_i - a_i}$$

が存在することである．このとき，この極限値を

$$\frac{\partial f}{\partial x_i}(a_1, a_2, \ldots, a_n)$$

と記す．これを f の点 $Q = (a_1, a_2, \ldots, a_n) \in D$ における i 番目の**偏微分係**

10.3 発展事項（多変数の微積分のあらまし） 135

数と呼ぶ．また f が D のすべての点で x_i について偏微分可能であるとき，D 上 x_i について**偏微分可能**であるという．

f が D 上 x_i について偏微分可能であるとき D 上の関数 $f_{x_i} = \frac{\partial f}{\partial x_i}$ が定まる．これを f の x_i についての**偏導関数**と呼ぶ．$f_{x_i} = \frac{\partial f}{\partial x_i}$ がさらに D 上 x_j について偏微分可能であるとき 2 階の偏導関数

$$f_{x_i x_j} = \frac{\partial^2 f}{\partial x_j \partial x_i} = \frac{\partial}{\partial x_j}\left(\frac{\partial f}{\partial x_i}\right)$$

が定まる．同様にして，すべての $k \geq 0$ に対して k 階の偏導関数

$$\frac{\partial^k f}{\partial x_{i_1} \partial x_{i_2} \cdots \partial x_{i_k}} \qquad (1 \leq i_1, i_2, \ldots, i_k \leq n)$$

が定義できる．これらがすべて存在し D 上連続であるとき f は D 上で C^∞–級であるという．以後 f は D 上の C^∞–級関数であるとして話を進めよう．このとき

$$\frac{\partial^2 f}{\partial x_j \partial x_i} = \frac{\partial^2 f}{\partial x_i \partial x_j} \qquad (1 \leq i, j \leq n)$$

が成り立つ（[12, 定理 4.10] を参照）．同様に f のすべての偏微分の順序を自由に変更することができる．以下簡単のため $n = 2$ の場合のみを考え，f は $(x_1, x_2) = (x, y)$ の関数であるとする（$n \geq 3$ の場合も同様の結果が成り立つ）．$\mathbb{R}^2$ の開集合 $D \subset \mathbb{R}^2$ 上定義された C^∞–級関数 $f(x, y)$ のグラフ

$$\Gamma_f = \{(x, y, z) \mid (x, y) \in D, \ z = f(x, y)\} \subset \mathbb{R}^3$$

を考えよう．このとき $\Gamma_f \subset \mathbb{R}^3$ は $\mathbb{R}^3$ 内の曲面であり，その Γ_f 上の点 $(a, b, f(a, b))$ $((a, b) \in D)$ における Γ_f の**接平面** H の式は

$$H : z = f(a, b) + f_x(a, b)(x - a) + f_y(a, b)(y - b)$$

で与えられる．
特に接平面 H の法線ベクトル $\vec{n} \in \mathbb{R}^3$ は

$$\vec{n} = \begin{pmatrix} -f_x(a, b) \\ -f_y(a, b) \\ 1 \end{pmatrix}$$

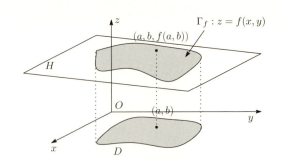

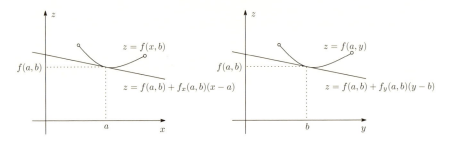

で与えられる．以上のことは以下の図のように Γ_f の平面 $\{y = b\}, \{x = a\} \subset \mathbb{R}^3$ による切り口を考えれば直ちにわかる．

この接平面の式は高校で学ぶ一変数関数のグラフの接線の式の自然な一般化（高次元化）になっていることに注意せよ．すなわち関数 f は一次関数 $g(x, y) = f(a, b) + f_x(a, b)(x - a) + f_y(a, b)(y - b)$ により点 $(a, b) \in D$ のまわりで近似される．

▶例 10.3.1 $D = \mathbb{R}^2$ 上で定義された関数 $f(x, y) = e^{x^2 - y^2} = \exp(x^2 - y^2)$ のグラフ $\Gamma_f \subset \mathbb{R}^3$ の点 $(1, 1, 1) \in \Gamma_f$ における接平面 H の式は

$$H : z = 1 + 2(x - 1) - 2(y - 1) = 2x - 2y + 1$$

である．

実はさらに f は点 $(a, b) \in D$ のまわりでの**テーラー展開**

$$\sum_{i=0}^{\infty} \sum_{j=0}^{\infty} \frac{1}{i!j!} \frac{\partial^{i+j} f}{\partial x^i \partial y^j}(a, b) \cdot (x - a)^i (y - b)^j$$

によりいくらでもよく近似されることが知られている.

定義 10.3.2 関数 f が点 $Q = (a, b) \in D$ で**極小値**（**極大値**）をもつとは，ある ε–近傍 $U_\varepsilon(Q) \subset D$ が存在して条件

$$P \in U_\varepsilon(Q) \qquad \Longrightarrow \qquad f(P) \geq f(Q) \; (f(P) \leq f(Q))$$

が成り立つことである.

関数 f が点 $Q = (a, b) \in D$ で極値をもてば，f は以下の意味で Q で臨界値をもつことが容易にわかる.

定義 10.3.3 関数 f が点 $Q = (a, b) \in D$ で**臨界値**をもつとは，条件

$$f_x(a, b) = f_y(a, b) = 0$$

が成り立つことである.

しかしながら，その逆は成立しない.つまり関数 f が点 $Q = (a, b) \in D$ で臨界値をもつからといって極値をもつとは限らない.極値をもつためにはさらに何か条件が必要である.関数 f が点 $Q = (a, b) \in D$ で臨界値をもつとしよう.このとき f の点 $Q = (a, b) \in D$ のまわりでのテーラー展開は

$$f(a, b) + 0(x - a) + 0(y - b)$$
$$+ \frac{1}{2} \{ f_{xx}(a, b)(x - a)^2 + 2f_{xy}(a, b)(x - a)(y - b) + f_{yy}(a, b)(y - b)^2 \}$$
$$+ \{ (x - a), (y - b) \text{ の 3 次以上の項の和} \}$$

となる（$f_{xy}(a, b) = f_{yx}(a, b)$ を用いた）.ここで $\varepsilon > 0$ が十分小さければ，ε–近傍 $U_\varepsilon(Q) \subset D$ 上で最後の部分 $\{ (x - a), (y - b) \text{ の 3 次以上の項の和} \}$ は 2 番目の部分

$$\frac{1}{2} \{ f_{xx}(a, b)(x - a)^2 + 2f_{xy}(a, b)(x - a)(y - b) + f_{yy}(a, b)(y - b)^2 \}$$

よりもずっと小さい.したがって f が点 Q で極値をもつかどうかは，$(x - a)$ と $(y - b)$ の 2 次式

138 第 10 章 多変数の微積分に向けて

$$f(a,b)$$
$$+ \frac{1}{2}\{f_{xx}(a,b)(x-a)^2 + 2f_{xy}(a,b)(x-a)(y-b) + f_{yy}(a,b)(y-b)^2\}$$

が極値をもつかどうかで判定できる．関数 f の点 $Q = (a,b) \in D$ でのヘッセ行列 $H(a,b) \in M(2,\mathbb{R})$ を

$$H(a,b) = \left(\begin{array}{cc} f_{xx}(a,b) & f_{xy}(a,b) \\ f_{yx}(a,b) & f_{yy}(a,b) \end{array} \right)$$

により定義する．$f_{xy}(a,b) = f_{yx}(a,b)$ よりこれは対称行列なので，その2つの固有値はともに実数である．

$\boxed{\text{定理 10.3.1}}$ 関数 f は点 $(a,b) \in D$ で臨界点をもつとする．また f の点 $(a,b) \in D$ でのヘッセ行列 $H(a,b) \in M(2,\mathbb{R})$ の固有値を $\lambda_1, \lambda_2 \in \mathbb{R}$ とする．このとき次が成り立つ：

(1) $\lambda_1, \lambda_2 > 0$ であれば，f は点 $(a,b) \in D$ で極小値をもつ．

(2) $\lambda_1, \lambda_2 < 0$ であれば，f は点 $(a,b) \in D$ で極大値をもつ．

(3) $\lambda_1 \lambda_2 < 0$ すなわち λ_1 と λ_2 が異符号であれば，f は点 $(a,b) \in D$ で極小値も極大値もとらない．

証明 上の議論および 5.5 節の結果より明らかである． $\square$

最後に2変数の関数の重積分について説明しよう．xyz 空間 $\mathbb{R}^3$ の有界閉集合 $K \subset \mathbb{R}^3$ を考えよう．射影

$$\pi : \mathbb{R}^3 \longrightarrow \mathbb{R}, \qquad (x,y,z) \longmapsto x$$

による K の像 $\pi(K) \subset \mathbb{R}$ はある有界閉区間 $[a,b] \subset \mathbb{R}$ に含まれているとしよう．また各 $t \in [a,b]$ に対して $K \cap \pi^{-1}(t) \subset \pi^{-1}(t) = \{t\} \times \mathbb{R}^2$ の面積を $S(t) \geq 0$ とおく（実はこの面積や K の体積が定義されるためには K に何か条件が必要だが，それについてはここでは説明しない）．つまり $S(t)$ は K の平面 $\{x = t\} = \pi^{-1}(t)$ による断面積である．このとき K の体積 V は式

$$V = \int_a^b S(t)dt$$

で与えられる．

以下, 特別な場合として K が xy 平面 $\mathbb{R}^2$ の有界閉集合 $D \subset \mathbb{R}^2 = \mathbb{R}^2 \times \{0\} \subset \mathbb{R}^3$ とその上で定義された連続関数 $f(x,y)$ (簡単のため f は D 上で負の値をとらない場合をまず考える) のグラフ

$$\Gamma_f = \{(x,y,z) \mid (x,y) \in D,\ z = f(x,y)\} \subset \mathbb{R}^3$$

ではさまれた柱体 $\{(x,y,z) \mid (x,y) \in D,\ 0 \leq z \leq f(x,y)\}$ である場合を考えよう．

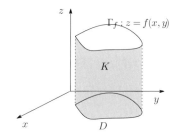

この K の体積は上で与えた式により定まるが，それをより具体的に計算するために，さらに $D \subset \mathbb{R}^2$ は次の特別な形をしているとしよう：

$$D = \{(x,y) \mid a \leq x \leq b,\ \varphi(x) \leq y \leq \psi(x)\} \subset \mathbb{R}^2.$$

ここで $[a,b] \subset \mathbb{R}$ は有界閉区間であり，$\varphi(x) \leq \psi(x)$ はその上の連続関数である．

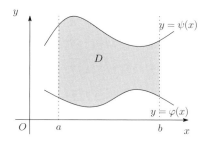

140 第 10 章 多変数の微積分に向けて

このような有界閉集合 $D \subset \mathbb{R}^2$ を $\mathbb{R}^2$ の**縦線集合**と呼ぶ（同様に横線集合も定義できる）．このとき各 $t \in [a, b]$ に対して $K \cap \pi^{-1}(t) \subset \pi^{-1}(t)$ の面積 $S(t)$ は次の式で与えられる：

$$S(t) = \int_{\varphi(t)}^{\psi(t)} f(t, y) dy.$$

したがって K の体積 V は

$$V = \int_a^b \left\{ \int_{\varphi(x)}^{\psi(x)} f(x, y) dy \right\} dx$$

で与えられる．これを関数 $f(x, y)$ の $D \subset \mathbb{R}^2$ 上での **2 重積分**と呼び，

$$\iint_D f(x, y) dx dy$$

と記す．本当は，重積分 $\iint_D f(x, y) dx dy \in \mathbb{R}$ がまずはじめにリーマン積分の理論を用いて厳密に定義され，特に D が縦線集合の場合に上のような計算式が成り立つことが証明できるのだが，ここでは（紙数の関係上）それについては深く立ち入らないものとする（[12, 定理 5.12] などを参照）．連続関数 f が D 上で負の値をとる場合でも，重積分 $\iint_D f(x, y) dx dy \in \mathbb{R}$ は同様の計算式をもつ．また D がいくつかの縦（横）線集合の合併集合である場合（それらは境界のみを共有するものとする）も $\iint_D f(x, y) dx dy \in \mathbb{R}$ が自然に定義できる．そして，これはリーマン積分の理論を用いて厳密に定義される値と一致する．

▶ **例 10.3.2** $D = \{(x, y) \in \mathbb{R}^2 \mid 0 \le x \le 1,\ x \le y \le 1\} \subset \mathbb{R}^2$ とするとき，

$$\iint_D xy \, dx dy = \int_0^1 \left\{ \int_x^1 xy \, dy \right\} dx = \int_0^1 \frac{x - x^3}{2} dx = \frac{1}{8}$$

が成り立つ．

一変数関数の積分については置換積分が重要であった．重積分についても同様の理論が成り立つ．それを説明するため，有界閉集合 $D \subset \mathbb{R}^2$ が何か別の有界閉集合 $E \subset \mathbb{R}^2$ の写像

10.3 発展事項（多変数の微積分のあらまし） 141

$$\Phi : E \longrightarrow D, \qquad (u,v) \longmapsto (x,y) = (\alpha(u,v), \beta(u,v))$$

($\alpha,\ \beta$ は E の内部で C^∞–級とする) による像 $\Phi(E) \subset \mathbb{R}^2$ となる場合を考えよう．

▶ **例 10.3.3**（極座標） $D = \{(x,y) \in \mathbb{R}^2 \mid 1 \le \sqrt{x^2 + y^2} \le 2\} \subset \mathbb{R}^2$ は $E = \{(r,\theta) \in \mathbb{R}^2 \mid 1 \le r \le 2,\ 0 \le \theta \le 2\pi\} \subset \mathbb{R}^2$ の写像

$$\Phi : E \longrightarrow D, \qquad (r,\theta) \longmapsto (x,y) = (r\cos\theta, r\sin\theta)$$

による像 $\Phi(E) \subset \mathbb{R}^2$ である．

この例のように写像 $\Phi : E \longrightarrow D$ が全単射 $E^\circ \longrightarrow \Phi(E^\circ)$ を引き起こす場合（すなわち Φ が E と D の「ほとんどの部分」の間の全単射を引き起こす場合），等式

$$\iint_D f(x,y)dxdy = \iint_E f(\alpha(u,v), \beta(u,v))dudv$$

は成り立つだろうか．上で説明したグラフより定まる柱体の体積としての重積分の解釈を用いれば，そのような等式が成立しないことがわかる．そこで正しい式を得るために，写像 Φ のヤコビ行列式を

$$\left| \frac{\partial(x,y)}{\partial(u,v)} \right| (u,v) = \left| \det \begin{pmatrix} \dfrac{\partial \alpha}{\partial u} & \dfrac{\partial \alpha}{\partial v} \\[2mm] \dfrac{\partial \beta}{\partial u} & \dfrac{\partial \beta}{\partial v} \end{pmatrix} \right|$$

により定義する．これは行列式の絶対値であり，$E \subset \mathbb{R}^2$ 上の関数になる．このとき等式

$$\iint_D f(x,y)dxdy = \iint_E f(\alpha(u,v), \beta(u,v)) \left| \frac{\partial(x,y)}{\partial(u,v)} \right| (u,v)dudv$$

が成り立つ．これを**重積分の変数変換公式**と呼ぶ．変数変換公式により様々な重積分の計算を劇的に簡易化できる．なぜこのような便利な公式が成り立つのか，直感的な説明を与えておこう．まず E の点 $Q = (u,v) \in E^\circ$ の近傍で写像 Φ は行列

142 第 10 章 多変数の微積分に向けて

$$
J(u,v) = \left(
\begin{array}{cc}
\dfrac{\partial \alpha}{\partial u}(u,v) & \dfrac{\partial \alpha}{\partial v}(u,v) \\[3mm]
\dfrac{\partial \beta}{\partial u}(u,v) & \dfrac{\partial \beta}{\partial v}(u,v)
\end{array}
\right) \in M(2,\mathbb{R})
$$

の定める $\mathbb{R}^2$ の一次変換 $\phi = f_{J(u,v)} : \mathbb{R}^2 \longrightarrow \mathbb{R}^2$ と平行移動の合成で近似できる. 実際, $P = \Phi(Q) \in D$ とおき, 原点 $O \in \mathbb{R}^2$ を点 $P \in \mathbb{R}^2$ $(Q \in \mathbb{R}^2)$ へ移す平行移動を $\psi_P : \mathbb{R}^2 \longrightarrow \mathbb{R}^2$ $(\psi_Q : \mathbb{R}^2 \longrightarrow \mathbb{R}^2)$ とする. このとき点 $Q = (u,v) \in E^\circ$ のまわりでのテーラー展開

$$
\alpha(u+\Delta u, v+\Delta v) = \alpha(u,v) + \frac{\partial \alpha}{\partial u}(u,v) \cdot \Delta u + \frac{\partial \alpha}{\partial v}(u,v) \cdot \Delta v + \cdots
$$

および

$$
\beta(u+\Delta u, v+\Delta v) = \beta(u,v) + \frac{\partial \beta}{\partial u}(u,v) \cdot \Delta u + \frac{\partial \beta}{\partial v}(u,v) \cdot \Delta v + \cdots
$$

により, $\Phi(u+\Delta u, v+\Delta v) = (\alpha(u+\Delta u, v+\Delta v), \beta(u+\Delta u, v+\Delta v)) \in \mathbb{R}^2$ は点 $Q = (u,v) \in E^\circ$ の近傍で

$$
\left(
\begin{array}{c}
\alpha(u,v) \\
\beta(u,v)
\end{array}
\right) + J(u,v) \left(
\begin{array}{c}
\Delta u \\
\Delta v
\end{array}
\right),
$$

すなわち $(\psi_P \circ \phi \circ \psi_Q^{-1})(u+\Delta u, v+\Delta v) \in \mathbb{R}^2$ とほぼ等しい (さらに等式 $\Phi(u,v) = (\psi_P \circ \phi \circ \psi_Q^{-1})(u,v)$ が成り立つ) ことがわかる. したがって写像 Φ の点 $Q = (u,v) \in E^\circ$ における (局所的な) 面積拡大倍率はヤコビ行列式

$$
\left| \frac{\partial(x,y)}{\partial(u,v)} \right| (u,v) = |\det J(u,v)|
$$

で与えられる. すなわち重積分の変数変換公式は, 積分域 E の各点での Φ の面積拡大倍率を加味して重積分の間の等式が成り立つよう定式化されたものである. 変数変換公式を使うことは簡単だが, その厳密な証明は大変難しい ([25] などを参照). (将来数学者を目指すわけではない) 普通の大学生にとっては, これを様々な場合に適用し計算に役立てることができれば, まずは十分である.

▶ 例 10.3.4 $D = \{(x, y) \in \mathbb{R}^2 \mid x \geq 0,\ y \geq 0,\ 1 \leq x^2 + y^2 \leq 4\} \subset \mathbb{R}^2$ とする
とき, 重積分

$$I = \iint_D \frac{1}{x^2 + y^2} dx dy$$

を計算しよう. これは極座標 $x = r\cos\theta,\ y = r\sin\theta$ による変数変換で, 領域
$E = \{(r, \theta) \in \mathbb{R}^2 \mid 1 \leq r \leq 2,\ 0 \leq \theta \leq \pi/2\} \subset \mathbb{R}^2$ 上での重積分に変換して
計算できる:

$$I = \iint_E \frac{1}{r^2} r\, dr d\theta = \int_1^2 \left\{ \int_0^{\frac{\pi}{2}} \frac{1}{r^2} d\theta \right\} r\, dr = \frac{\pi \log 2}{2}.$$

問 解 答

第1章 集合の基礎
1.1 集合

問 1.1.1 具体的に集合の元をかいてみると

$$A = \{2, 3, 5, 7, 11, 13, 17, 19\}, \ B = \{1, 2, 3, 4, 5, 6, 10, 12, 15, 20\}$$

となる．このことから $A \cap B = \{2, 3, 5\}$ はすぐにわかる．

$$A \cup B = \{1, 2, 3, 4, 5, 6, 7, 10, 11, 12, 13, 15, 17, 19, 20\}$$

であるから，$(A \cup B)^c = \{8, 9, 14, 16, 18\}$ となる．$A \setminus B$ は，

$$A \setminus B = A \cap B^c = A \setminus (A \cap B) = \{7, 11, 13, 17, 19\}$$

となる．$(B \setminus A)^c$ は，ド・モルガンの定理（定理1.1.1）を用いれば，

$$(B \setminus A)^c = (B \cap A^c)^c = B^c \cup A = B^c \cup (A \cap B)$$
$$= \{2, 3, 5, 7, 8, 9, 11, 13, 14, 16, 17, 18, 19\}$$

となる．

問 1.1.2 以下のベン図より $(A_1 \cap A_2 \cap A_3)^c = (A_1)^c \cup (A_2)^c \cup (A_3)^c$ がわかる．

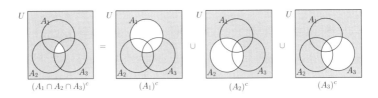

同様に．$(A_1 \cup A_2 \cup A_3)^c = (A_1)^c \cap (A_2)^c \cap (A_3)^c$ がわかる．

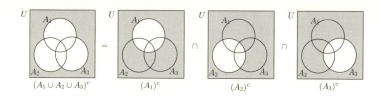

問 1.1.3 $A = \{a, b, c\}$ の部分集合は,

$$\emptyset, \{a\}, \{b\}, \{c\}, \{a,b\}, \{b,c\}, \{a,c\}, \{a,b,c\}$$

の計 $8 (= 2^3)$ 個となる．集合 A の元が N 個の場合の部分集合は，各元を含むか含まないかの 2 通りがあるので，2^N 個となる．

1.2 集合と論理

問 1.2.1 (1) 命題を否定すると「(A さんと B さんはともに日本人）ではない」だから「(A さんまたは B さん）は日本人ではない」．言いかえれば「A さんと B さんのどちらか一方は日本人ではない」となる．

(2) 命題を否定すると「（このクラスの学生はすべて茨城県出身）ではない」だから「このクラスの学生のうち少なくとも 1 人は茨城県出身ではない」となる．言いかえれば「このクラスの学生の中に茨城県出身ではない学生がいる」となる．

1.3 実数直線の部分集合

問 1.3.1 (1) $A \setminus B, B \setminus A, A \cap B$ はそれぞれ次のようになる：

$$A \setminus B = A \cap B^c = \{x \in \mathbb{R} \mid x \leq 0\},$$
$$B \setminus A = B \cap A^c = \{x \in \mathbb{R} \mid x > 1\},$$
$$A \cap B = \{x \in \mathbb{R} \mid 0 < x \leq 1\}.$$

(2) $A = \{x \in \mathbb{R} \mid x \leq 1\}$ であるから，$a \geq 1$ のとき，かつそのときに限り A のすべての元 x に対して $x \leq a$ となる．よって，$U(A) = \{a \in \mathbb{R} \mid 1 \leq a\}$ がわかる．また，$U(A)$ の最小値は 1 であるから $\sup A = 1$ となる．

(3) $B = \{x \in \mathbb{R} \mid x > 0\}$ であるから，$b \leq 0$ のとき，かつそのときに限り B のすべての元 x に対して $x \geq b$ となる．よって，$L(B) = \{b \in \mathbb{R} \mid b \leq 0\}$ がわかる．また，$L(B)$ の最大値は 0 であるから $\inf B = 0$ となる．

問解答　　147

問 1.3.2 (1) 不等式 $3x + 2 < 5$ を解けば，$x < 1$ であるから $A = \{x \in \mathbb{R} \mid x < 1\}$ とかける．このことから，$a \geq 1$ のとき，かつそのときに限り A のすべての元 x に対して，$x \leq a$ となることがわかる．よって，$U(A) = \{a \in \mathbb{R} \mid a \geq 1\}$ となる．この最小値は 1 であるから，$\sup A = 1$ となる．また，A は下に有界ではないので，$\inf A = -\infty$ となる．

(2) 不等式 $x^2 \leq 9$ を解けば，$-3 \leq x \leq 3$ であるから $B = \{x \in \mathbb{R} \mid -3 \leq x \leq 3\}$ とかける．このことから，$a \geq 3$，$b \leq -3$ のとき，かつそのときに限り B のすべての元 x に対して $b \leq x \leq a$ が成り立つことがわかる．よって，$U(B) = \{a \in \mathbb{R} \mid a \geq 3\}$，$L(B) = \{b \in \mathbb{R} \mid b \leq -3\}$ とわかるので，それぞれ最小値・最大値を考えると $\sup B = 3$，$\inf B = -3$ となる．

(3) 不等式 $x^3 > 27$ を解けば，$x > 3$ であるから $C = \{x \in \mathbb{R} \mid x > 3\}$ とかける．このことから，$c \leq 3$ のとき，かつそのときに限りすべての C の元 x に対して $x \geq c$ が成り立つことがわかる．よって，$L(C) = \{c \in \mathbb{R} \mid c \leq 3\}$ となる．この最大値は 3 なので，$\inf C = 3$ とわかる．また，C は上に有界ではないので，$\sup C = \infty$ となる．

問 1.3.3 はじめに，奇数番目と偶数番目に分けて数列の一般項を求める．$n = 2k-1$ $(k = 1, 2, \ldots)$ の場合，

$$a_{2k-1} = \frac{2a_{2k-2} - 1}{3} = \frac{2}{3}\left(\frac{a_{2k-3} + 2}{3}\right) - \frac{1}{3} = \frac{2}{9}a_{2(k-1)-1} + \frac{1}{9}$$

である．これを変形すれば $a_{2k-1} - \dfrac{1}{7} = \dfrac{2}{9}\left(a_{2(k-1)-1} - \dfrac{1}{7}\right)$ となる．よって，$n = 2k - 1$ の場合の一般項は $a_{2k-1} = \dfrac{6}{7}\left(\dfrac{2}{9}\right)^{k-1} + \dfrac{1}{7}$ と求まる．また，$a = 2k$ $(k = 1, 2, \ldots)$ の場合は，$a_2 = \dfrac{a_1 + 2}{3} = 1$ であり，

$$a_{2k} = \frac{a_{2k-1} + 2}{3} = \frac{1}{3}\left(\frac{2a_{2k-2} - 1}{3}\right) + \frac{2}{3} = \frac{2}{9}a_{2(k-1)} + \frac{5}{9}$$

である．これを変形すれば，$a_{2k} - \dfrac{5}{7} = \dfrac{2}{9}\left(a_{2(k-1)} - \dfrac{5}{7}\right)$ となる．よって，$n = 2k$ の場合の一般項 $a_{2k} = \dfrac{2}{7}\left(\dfrac{2}{9}\right)^{k-1} + \dfrac{5}{7}$ を得る．まとめれば

$$a_n = \begin{cases} \dfrac{6}{7}\left(\dfrac{2}{9}\right)^{k-1} + \dfrac{1}{7} & (n = 2k - 1), \\[2mm] \dfrac{2}{7}\left(\dfrac{2}{9}\right)^{k-1} + \dfrac{5}{7} & (n = 2k) \end{cases}$$

148 問 解 答

であることがわかる. この一般項から, a_{2k} も a_{2k-1} も公比がともに 1 より小さい
ので a_{2k} も a_{2k-1} も $a_{2(k-1)} \geq a_{2k}$, $a_{2k-3} \geq a_{2k-1}$ が成り立ち, $k \to \infty$ のとき,
$a_{2k-1} \to \dfrac{1}{7}$, $a_{2k} \to \dfrac{5}{7}$ であることがわかる. これらのことから, $\{a_n\}_{n=1}^{\infty}$ の中で最
大なものは $a_1 = a_2 = 1$ である. また, それ以降は徐々に減っていく数列であるから
極限の値が一番小さいことがわかる. 奇数番目・偶数番目の数列の極限に注目すると
$\dfrac{1}{7}$ が一番小さいことがわかる. よって, この数列 a_n の上界全体は $\{x \in \mathbb{R} \mid x \geq 1\}$
であり, 下界全体は $\{x \in \mathbb{R} \mid x \leq \frac{1}{7}\}$ となる. よって, $\sup a_n = 1$, $\inf a_n = \frac{1}{7}$.

問 1.3.4 $M = \max A$ とする. M は A の要素の最大値なので, すべての $a \in A$ に対
して $a \leq M$ が成り立つ. よって, M は A の上界である, すなわち $M \in U(A)$ が
成り立つ. また, 任意の $a < M$ に対して $a \notin U(A)$ である. なぜなら $a < M$ かつ
$M \in A$, すなわち a より大きい A の要素 M が存在するからである. よって, M が
最小の上界といえることがわかるので, $M = \sup A$ となる.

第2章 写 像

2.1 写像の一般理論

問 2.1.1 (1) $f(C_1 \cap C_2) \subset f(C_1) \cap f(C_2)$ を示すためには, $f(C_1 \cap C_2)$ のすべての
元 $b \in f(C_1 \cap C_2)$ に対して, $b \in f(C_1) \cap f(C_2)$ が成り立つことを示せばよい.
そこで, $b \in f(C_1 \cap C_2)$ とすると, この b に対して, $a \in C_1 \cap C_2$ が存在して
$f(a) = b$ が成り立つ. ここで, $a \in C_1$ であるから $b \in f(C_1)$ であり, また $a \in C_2$
でもあるから $b \in f(C_2)$ であることもわかる. よって, $b \in f(C_1) \cap f(C_2)$ とな
り, $f(C_1 \cap C_2) \subset f(C_1) \cap f(C_2)$ が成り立つ.

(2) $f(C_1 \cup C_2) = f(C_1) \cup f(C_2)$ を示すためには,「$f(C_1 \cup C_2) \subset f(C_1) \cup f(C_2)$」
と「$f(C_1 \cup C_2) \supset f(C_1) \cup f(C_2)$」の両方を示さなければならない. はじめに
$f(C_1 \cup C_2) \subset f(C_1) \cup f(C_2)$ を示す. (1) と同様に $b \in f(C_1 \cup C_2)$ とすると, この
b に対して $a \in C_1 \cup C_2$ が存在して $f(a) = b$ が成り立つ. $a \in C_1$ または $a \in C_2$
であるから, $b \in f(C_1)$ または $b \in f(C_2)$ が成り立つ. よって, $b \in f(C_1) \cup f(C_2)$
が示される. このことから, $f(C_1 \cup C_2) \subset f(C_1) \cup f(C_2)$ がわかる.

次に, $f(C_1 \cup C_2) \supset f(C_1) \cup f(C_2)$ を示そう. これを示すためには, $f(C_1) \cup f(C_2)$
のすべての元 $b \in f(C_1) \cup f(C_2)$ に対して $b \in f(C_1 \cup C_2)$ が成り立つことを
示せばよい. そこで $b \in f(C_1) \cup f(C_2)$ とする. このとき, $b \in f(C_1)$ または
$b \in f(C_2)$ が成り立つ. $b \in f(C_1)$ であるということは $b = f(a)$ となる $a \in C_1$

が存在することである．よって，$b = f(a)$ となる $a \in C_1$ または $a \in C_2$ が存在することがわかる．すなわち，$a \in C_1 \cup C_2$ ということがわかる．この a に対して写像 f で移した $b = f(a)$ は $b = f(a) \in f(C_1 \cup C_2)$ となることがわかる．よって，逆が示された．

(3) (2) と同様に「$f^{-1}(D_1 \cap D_2) \subset f^{-1}(D_1) \cap f^{-1}(D_2)$」と「$f^{-1}(D_1 \cap D_2) \supset f^{-1}(D_1) \cap f^{-1}(D_2)$」の両方を示さなければならない．はじめに $f^{-1}(D_1 \cap D_2) \subset f^{-1}(D_1) \cap f^{-1}(D_2)$ から示す．$a \in f^{-1}(D_1 \cap D_2)$ とする．このとき，$f(a) \in D_1 \cap D_2$ が成り立つ．よって $f(a) \in D_1$ かつ $f(a) \in D_2$ が成り立つので，$a \in f^{-1}(D_1)$ かつ $a \in f^{-1}(D_2)$ が成り立つことがわかる．すなわち，$a \in f^{-1}(D_1) \cap f^{-1}(D_2)$ がわかる．このことから $f^{-1}(D_1 \cap D_2) \subset f^{-1}(D_1) \cap f^{-1}(D_2)$ が成り立つことがわかる．

次に $f^{-1}(D_1 \cap D_2) \supset f^{-1}(D_1) \cap f^{-1}(D_2)$ を示す．$a \in f^{-1}(D_1) \cap f^{-1}(D_2)$ とする．このとき，$a \in f^{-1}(D_1)$ かつ $a \in f^{-1}(D_2)$ が成り立つ．よって $f(a) \in D_1$ かつ $f(a) \in D_2$ が成り立つので $f(a) \in D_1 \cap D_2$ が成り立つ．このことから $a \in f^{-1}(D_1 \cap D_2)$ が成り立つことがわかる．よって，$f^{-1}(D_1 \cap D_2) \supset f^{-1}(D_1) \cap f^{-1}(D_2)$ が成り立つことがわかる．

(4) (2) と同様に「$f^{-1}(D_1 \cup D_2) \subset f^{-1}(D_1) \cup f^{-1}(D_2)$」と「$f^{-1}(D_1 \cup D_2) \supset f^{-1}(D_1) \cup f^{-1}(D_2)$」の両方を示さなければならない．はじめに $f^{-1}(D_1 \cup D_2) \subset f^{-1}(D_1) \cup f^{-1}(D_2)$ から示す．$a \in f^{-1}(D_1 \cup D_2)$ とする．このとき，$f(a) \in D_1 \cup D_2$ が成り立つ．よって $f(a) \in D_1$ または $f(a) \in D_2$ が成り立つので，$a \in f^{-1}(D_1)$ または $a \in f^{-1}(D_2)$ が成り立つことがわかる．このことから，$a \in f^{-1}(D_1) \cup f^{-1}(D_2)$ がわかる．すなわち，$f^{-1}(D_1 \cup D_2) \subset f^{-1}(D_1) \cup f^{-1}(D_2)$ が成り立つことがわかる．

次に $f^{-1}(D_1 \cup D_2) \supset f^{-1}(D_1) \cup f^{-1}(D_2)$ を示す．$a \in f^{-1}(D_1) \cup f^{-1}(D_2)$ とする．このとき，$a \in f^{-1}(D_1)$ または $a \in f^{-1}(D_2)$ が成り立つ．よって $f(a) \in D_1$ または $f(a) \in D_2$ が成り立つ．このことから $f(a) \in D_1 \cup D_2$ が成り立ち，$a \in f^{-1}(D_1 \cup D_2)$ が成り立つことがわかる．よって，$f^{-1}(D_1 \cup D_2) \supset f^{-1}(D_1) \cup f^{-1}(D_2)$ が成り立つことがわかる．

問 2.1.2 $A = \{a, b, c\}$, $B = \{x, y\}$ とし，$f(a) = x$, $f(b) = y$, $f(c) = x$ とする．このとき $C_1 = \{a\}$, $C_2 = \{b, c\}$ とおけば，$C_1 \cap C_2 = \emptyset$ である．よって，$f(C_1 \cap C_2) = \emptyset$ となる．一方，$f(C_1) \cap f(C_2) = \{x\} \cap \{x, y\} = \{x\}$ となる．よって，等号は成立しない．

150 　問 解 答

問 2.1.3 (1) $a \in A$ であれば，$a \in f^{-1}(\{f(a)\})$ となることに注意する．$a \in C$ とすると $a \in f^{-1}(\{f(a)\}) \subset f^{-1}(f(C))$ であることから，$C \subset f^{-1}(f(C))$ が成り立つ．

　　逆向きの包含関係が成立しない反例をあげる．問 2.1.2 と同様に $A = \{a,b,c\}$, $B = \{x,y\}$ とし，$f(a) = x$, $f(b) = y$, $f(c) = x$ とする．$C = \{a\}$ とすると，$f(C) = \{x\}$, $f^{-1}(f(C)) = f^{-1}(\{x\}) = \{a,c\}$ であるから，等号は成立しない．

(2) $b \in f(f^{-1}(D))$ とする．このとき $b = f(a)$ となる $a \in f^{-1}(D)$ が存在する．よって，$f(a) \in D$ が成り立つ．$b = f(a)$ であるから $b = f(a) \in D$ となる．よって，$f(f^{-1}(D)) \subset D$ が成り立つ．

　　逆向きの包含関係が成立しない反例をあげる．$A = \{a,b,c\}$, $B = \{x,y,z\}$ とし，$f(a) = x$, $f(b) = y$, $f(c) = x$ とする．$D = \{y,z\}$ とする．このとき $f^{-1}(D) = \{b\}$ である．$f(f^{-1}(D)) = \{y\} \subset \{y,z\} = D$ となるので等号は成り立たない．

第 3 章　写像の例 1（行列による一次変換）

3.1　行列と一次変換

問 3.1.1 (1)〜(5), (9), (10), (12)：定義されない

(6) $\begin{pmatrix} 9 & -4 \\ 17 & -21 \\ -8 & 6 \end{pmatrix}$ (7) $\begin{pmatrix} 2 & 4 & 1 \\ 4 & 8 & 2 \\ 6 & 12 & 3 \end{pmatrix}$ (8) 13 (11) $\begin{pmatrix} -10 & 22 \end{pmatrix}$

問 3.1.2 ${}^t(AB) = {}^tB\,{}^tA$ を示すためには，両辺の行列の (i,j) 成分が等しいことを示せばよい．${}^t(AB)$ の (i,j) 成分は，AB の (j,i) 成分だから $\displaystyle\sum_{k=1}^{n} a_{jk}b_{ki}$ である．また，${}^tA, {}^tB$ の第 (i,j) 成分をそれぞれ $\tilde{a}_{ij}, \tilde{b}_{ij}$ と表すことにすると $\tilde{a}_{ij} = a_{ji}, \tilde{b}_{ij} = b_{ji}$ である．${}^tB\,{}^tA$ の (i,j) 成分は ${}^tB$ の第 i 行目と ${}^tA$ の第 j 列目の積であるから，$\displaystyle\sum_{k=1}^{n} \tilde{b}_{ik}\tilde{a}_{kj} = \sum_{k=1}^{n} b_{ki}a_{jk} = \sum_{k=1}^{n} a_{jk}b_{ki}$ となる．よって，一致することがわかる．

問 3.1.3 A の逆行列 A^{-1} が一意に定まらないと仮定する．このとき，A の逆行列 A^{-1} が 2 つ以上あることになる．そこで A の逆行列として B, C の 2 つあると仮定する．すなわち，行列 B, C に対して $AB = BA = E_n$, $AC = CA = E_n$ が成り立つとする．このとき，

$$B = BE_n = B(AC) = (BA)C = E_nC = C$$

が成り立つので $B = C$ がわかる．よって，2 つあったとしても一致することがわかる．3 つ以上ある場合も 2 つの場合に帰着されるので，A の逆行列 A^{-1} は一意であることがわかる．

問 3.1.4 AB, BA を計算すると

$$AB = \frac{1}{ad-bc} \begin{pmatrix} a & b \\ c & d \end{pmatrix} \begin{pmatrix} d & -b \\ -c & a \end{pmatrix} = \frac{1}{ad-bc} \begin{pmatrix} ad-bc & 0 \\ 0 & ad-bc \end{pmatrix} = \begin{pmatrix} 1 & 0 \\ 0 & 1 \end{pmatrix},$$

$$BA = \frac{1}{ad-bc} \begin{pmatrix} d & -b \\ -c & a \end{pmatrix} \begin{pmatrix} a & b \\ c & d \end{pmatrix} = \frac{1}{ad-bc} \begin{pmatrix} ad-bc & 0 \\ 0 & ad-bc \end{pmatrix} = \begin{pmatrix} 1 & 0 \\ 0 & 1 \end{pmatrix}$$

となる．よって，$AB = BA = E_2$ となることがわかる．

問 3.1.5 $\det A = 1 \neq 0$ であるから逆行列が存在する．式 (3.1.1) から $A^{-1} = \begin{pmatrix} 3 & -5 \\ -1 & 2 \end{pmatrix}$ がわかる．同様に $\det B = 2 \neq 0$ であるから逆行列が存在する．式 (3.1.1) から $B^{-1} = \frac{1}{2} \begin{pmatrix} 3 & 5 \\ 2 & 4 \end{pmatrix}$.

問 3.1.6 $A = \begin{pmatrix} a & b \\ c & d \end{pmatrix}, B = \begin{pmatrix} p & q \\ r & s \end{pmatrix}$ とおくと，

$$AB = \begin{pmatrix} a & b \\ c & d \end{pmatrix} \begin{pmatrix} p & q \\ r & s \end{pmatrix} = \begin{pmatrix} ap+br & aq+bs \\ cp+dr & cq+ds \end{pmatrix}$$

である．よって，

$$\begin{aligned}
\det(AB) &= (ap+br)(cq+ds) - (aq+bs)(cp+dr) \\
&= acpq + adps + bcqr + bdrs - (acpq + adqr + bcps + bdrs) \\
&= adps - adqr + bcqr - bcps \\
&= (ad-bc)(ps-qr) = (\det A)(\det B)
\end{aligned}$$

が成り立つ．

3.2 2次元の一次変換

問 3.2.1 $R_\theta = \begin{pmatrix} \cos\theta & -\sin\theta \\ \sin\theta & \cos\theta \end{pmatrix}$ であるから,

$$R_{\theta_1} R_{\theta_2} = \begin{pmatrix} \cos\theta_1 & -\sin\theta_1 \\ \sin\theta_1 & \cos\theta_1 \end{pmatrix} \begin{pmatrix} \cos\theta_2 & -\sin\theta_2 \\ \sin\theta_2 & \cos\theta_2 \end{pmatrix}$$

$$= \begin{pmatrix} \cos\theta_1\cos\theta_2 - \sin\theta_1\sin\theta_2 & -(\cos\theta_1\sin\theta_2 + \sin\theta_1\cos\theta_2) \\ \sin\theta_1\cos\theta_2 + \cos\theta_1\sin\theta_2 & \cos\theta_1\cos\theta_2 - \sin\theta_1\sin\theta_2 \end{pmatrix}$$

$$= \begin{pmatrix} \cos(\theta_1 + \theta_2) & -\sin(\theta_1 + \theta_2) \\ \sin(\theta_1 + \theta_2) & \cos(\theta_1 + \theta_2) \end{pmatrix} = R_{\theta_1 + \theta_2}$$

とわかる.

問 3.2.2 (1) 点 (a, b) を x 軸について対称に移動させると点 $(a, -b)$ に移るので,

$P_x = \begin{pmatrix} 1 & 0 \\ 0 & -1 \end{pmatrix}$ とわかる.

(2) 1つ点 (a, b) をとる. この点を直線 $y = (\tan\theta)x$ について対称移動させることを考える. まず, 座標平面全体を $-\theta$ だけ回転させればこの直線は x 軸と重なり, 点 (a, b) は

$$\begin{pmatrix} \cos(-\theta) & -\sin(-\theta) \\ \sin(-\theta) & \cos(-\theta) \end{pmatrix} \begin{pmatrix} a \\ b \end{pmatrix} = \begin{pmatrix} \cos\theta & \sin\theta \\ -\sin\theta & \cos\theta \end{pmatrix} \begin{pmatrix} a \\ b \end{pmatrix}$$

に移る. これを x 軸について対称に移動させると,

$$\begin{pmatrix} 1 & 0 \\ 0 & -1 \end{pmatrix} \begin{pmatrix} \cos\theta & \sin\theta \\ -\sin\theta & \cos\theta \end{pmatrix} \begin{pmatrix} a \\ b \end{pmatrix}$$

となる. 最後に, 座標平面全体を θ だけ回転し元に戻せば,

$$\begin{pmatrix} \cos\theta & -\sin\theta \\ \sin\theta & \cos\theta \end{pmatrix} \begin{pmatrix} 1 & 0 \\ 0 & -1 \end{pmatrix} \begin{pmatrix} \cos\theta & \sin\theta \\ -\sin\theta & \cos\theta \end{pmatrix} \begin{pmatrix} a \\ b \end{pmatrix}$$

と求まる. この行列の左3つの行列の積を計算すれば

$$\begin{pmatrix} \cos^2\theta - \sin^2\theta & 2\cos\theta\sin\theta \\ 2\cos\theta\sin\theta & -\cos^2\theta + \sin^2\theta \end{pmatrix}$$

と求めたい行列 A が求まる. これは鏡映の行列 $\begin{pmatrix} \cos 2\theta & \sin 2\theta \\ \sin 2\theta & -\cos 2\theta \end{pmatrix}$ と一致していることがわかる.

問 3.2.3 $a = 0$ の場合は, 垂線の足は $(p, 0)$ で, 正射影を表す行列は $\begin{pmatrix} 1 & 0 \\ 0 & 0 \end{pmatrix}$ とすぐにわかる. 次に $a \neq 0$ の場合を考える. 点 (p, q) から直線 $y = ax$ に下ろした垂線の式を求めることから考えよう. 垂線の傾きは $-\dfrac{1}{a}$ であるから, $y - q = -\dfrac{1}{a}(x - p)$ が求める垂線の式である. この垂線と直線 $y = ax$ との交点は, $(x, y) = \left(\dfrac{p + aq}{a^2 + 1}, \dfrac{a(p + aq)}{a^2 + 1} \right)$ とわかる. よって, 正射影を表す行列を $\begin{pmatrix} k & \ell \\ m & n \end{pmatrix}$ とすれば,

$$\begin{pmatrix} (p + aq)/(a^2 + 1) \\ (a(p + aq))/(a^2 + 1) \end{pmatrix} = \begin{pmatrix} k & \ell \\ m & n \end{pmatrix} \begin{pmatrix} p \\ q \end{pmatrix}$$

となる. ここで $(p, q) = (1, 0), (0, 1)$ とそれぞれおけば,

$$\frac{1}{a^2 + 1} \begin{pmatrix} 1 \\ a \end{pmatrix} = \begin{pmatrix} k & \ell \\ m & n \end{pmatrix} \begin{pmatrix} 1 \\ 0 \end{pmatrix} = \begin{pmatrix} k \\ m \end{pmatrix},$$

$$\frac{a}{a^2 + 1} \begin{pmatrix} 1 \\ a \end{pmatrix} = \begin{pmatrix} k & \ell \\ m & n \end{pmatrix} \begin{pmatrix} 0 \\ 1 \end{pmatrix} = \begin{pmatrix} \ell \\ n \end{pmatrix}$$

となる. よって, 正射影を表す行列は

$$\begin{pmatrix} k & \ell \\ m & n \end{pmatrix} = \frac{1}{a^2 + 1} \begin{pmatrix} 1 & a \\ a & a^2 \end{pmatrix}$$

と求まる.

【別解】問 3.2.2 と同じように解くこともできる. $\tan \theta = a$ となるような θ をとると正射影の行列は,

$$\begin{pmatrix} \cos \theta & -\sin \theta \\ \sin \theta & \cos \theta \end{pmatrix} \begin{pmatrix} 1 & 0 \\ 0 & 0 \end{pmatrix} \begin{pmatrix} \cos \theta & \sin \theta \\ -\sin \theta & \cos \theta \end{pmatrix} = \begin{pmatrix} \cos^2 \theta & \cos \theta \sin \theta \\ \sin \theta \cos \theta & \sin^2 \theta \end{pmatrix}$$

となる. ここで, $\tan \theta = a$ より,

154　問 解 答

$$\cos^2\theta = \frac{1}{a^2+1}, \ \sin^2\theta = \frac{a^2}{a^2+1}, \ \cos\theta\sin\theta = \cos^2\theta\cdot\frac{\sin\theta}{\cos\theta} = \frac{a}{a^2+1},$$

とわかる．よって，求める正射影を表す行列は $\begin{pmatrix} 1/(a^2+1) & a/(a^2+1) \\ a/(a^2+1) & a^2/(a^2+1) \end{pmatrix} =$

$\dfrac{1}{a^2+1}\begin{pmatrix} 1 & a \\ a & a^2 \end{pmatrix}$ と求まる．

問 3.2.4 2 次の直交行列を $\begin{pmatrix} a & b \\ c & d \end{pmatrix}$ とすると，条件から

$$a^2 + c^2 = 1, \qquad b^2 + d^2 = 1, \qquad ab + cd = 0$$

となる．このことから，$a^2 + c^2 = 1$, $b^2 + d^2 = 1$ から $a = \cos\theta$, $c = \sin\theta$, $b = \cos\varphi$, $d = \sin\varphi$ とおくことができる．また，3 つ目の条件から

$$0 = ab + cd = \cos\theta\cos\varphi + \sin\theta\sin\varphi = \cos(\theta - \varphi)$$

となる．よって，$\varphi = \theta \pm \dfrac{\pi}{2}$ となる．ここで，$\varphi = \theta + \dfrac{\pi}{2}$ のとき，

$$\begin{pmatrix} a & b \\ c & d \end{pmatrix} = \begin{pmatrix} \cos\theta & \cos\left(\theta + \frac{\pi}{2}\right) \\ \sin\theta & \sin\left(\theta + \frac{\pi}{2}\right) \end{pmatrix} = \begin{pmatrix} \cos\theta & -\sin\theta \\ \sin\theta & \cos\theta \end{pmatrix}$$

となり，回転を表す行列であることがわかる．また，$\varphi = \theta - \dfrac{\pi}{2}$ のとき，

$$\begin{pmatrix} a & b \\ c & d \end{pmatrix} = \begin{pmatrix} \cos\theta & \cos\left(\theta - \frac{\pi}{2}\right) \\ \sin\theta & \sin\left(\theta - \frac{\pi}{2}\right) \end{pmatrix} = \begin{pmatrix} \cos\theta & \sin\theta \\ \sin\theta & -\cos\theta \end{pmatrix}$$

となり，鏡映を表す行列であることがわかる．

3.3　行列の固有値と対角化

問 3.3.1 (1) 対応する固有方程式を考えると

$$\det(tE_2 - A) = \det\begin{pmatrix} t-3 & 1 \\ -2 & t \end{pmatrix} = t^2 - 3t + 2 = (t-2)(t-1) = 0$$

と求まる．よって，$t = 1, 2$ が A の固有値である．次にそれぞれの固有値に属する

固有ベクトルを求める. 固有値 $t = 1$ に属する固有ベクトル $\vec{v} = {}^t(v_1, v_2) \neq \vec{0}$ は $(E_2 - A)\vec{v} = \vec{0}$ を満たすので,

$$(E_2 - A)\vec{v} = \begin{pmatrix} -2 & 1 \\ -2 & 1 \end{pmatrix} \begin{pmatrix} v_1 \\ v_2 \end{pmatrix} = \begin{pmatrix} 0 \\ 0 \end{pmatrix}$$

が成り立つ. これを解けば, ある $k(\neq 0) \in \mathbb{R}$ を用いて $\vec{v} = \begin{pmatrix} 1 \\ 2 \end{pmatrix} k$ とかけること がわかる. また, 同様にして固有値 $t = 2$ に属する固有ベクトル $\vec{u}$ は $\vec{u} = \begin{pmatrix} 1 \\ 1 \end{pmatrix} k$ とかける. よって, 対角化に必要な行列 $P = (\vec{v}, \vec{u})$ は $P = \begin{pmatrix} 1 & 1 \\ 2 & 1 \end{pmatrix}$ と求ま る. 逆行列 P^{-1} は $P^{-1} = \begin{pmatrix} -1 & 1 \\ 2 & -1 \end{pmatrix}$ であるから,

$$P^{-1}AP = \begin{pmatrix} -1 & 1 \\ 2 & -1 \end{pmatrix} \begin{pmatrix} 3 & -1 \\ 2 & 0 \end{pmatrix} \begin{pmatrix} 1 & 1 \\ 2 & 1 \end{pmatrix} = \begin{pmatrix} 1 & 0 \\ 0 & 2 \end{pmatrix}$$

と対角化できる.

(2) 対応する固有方程式を考えると

$$\det(tE_2 - A) = \det \begin{pmatrix} t-1 & 3 \\ 3 & t-1 \end{pmatrix} = (t-1)^2 - 3^2 = (t+2)(t-4) = 0$$

と求まる. よって, $t = -2, 4$ が A の固有値である. 次にそれぞれの固有値に属 する固有ベクトルを求める. (1) と同様に求めれば, 固有値 $t = -2$ に属する固 有ベクトル $\vec{v}$ はある $k(\neq 0) \in \mathbb{R}$ を用いて $\vec{v} = \begin{pmatrix} 1 \\ 1 \end{pmatrix} k$, 固有値 $t = 4$ に属 する固有ベクトル $\vec{u}$ は $\vec{u} = \begin{pmatrix} 1 \\ -1 \end{pmatrix} k$ とかける. よって, 対角化に必要な行列 $P = (\vec{v}, \vec{u})$ は $P = \begin{pmatrix} 1 & 1 \\ 1 & -1 \end{pmatrix}$ と求まる. 逆行列 P^{-1} は $P^{-1} = \dfrac{1}{2} \begin{pmatrix} 1 & 1 \\ 1 & -1 \end{pmatrix}$ であるから,

$$P^{-1}AP = \frac{1}{2} \begin{pmatrix} 1 & 1 \\ 1 & -1 \end{pmatrix} \begin{pmatrix} 1 & -3 \\ -3 & 1 \end{pmatrix} \begin{pmatrix} 1 & 1 \\ 1 & -1 \end{pmatrix} = \begin{pmatrix} -2 & 0 \\ 0 & 4 \end{pmatrix}$$

156   問 解 答

と対角化できる.

問 3.3.2 問 3.3.1 から $P^{-1}AP = \begin{pmatrix} 1 & 0 \\ 0 & 2 \end{pmatrix}$ と対角化できる. これを B とおくと
$A = PBP^{-1}$ である. よって,

$$A^n = (PBP^{-1})(PBP^{-1})(PBP^{-1})\cdots(PBP^{-1})$$
$$= PB(P^{-1}P)B(P^{-1}P)B\cdots B(P^{-1}P)BP^{-1} = PB^nP^{-1}$$

と書きかえられる. そこで A^n の代わりに PB^nP^{-1} を求める. いま $B^n = \begin{pmatrix} 1 & 0 \\ 0 & 2^n \end{pmatrix}$
であるので,

$$PB^nP^{-1} = \begin{pmatrix} 1 & 1 \\ 2 & 1 \end{pmatrix}\begin{pmatrix} 1 & 0 \\ 0 & 2^n \end{pmatrix}\begin{pmatrix} -1 & 1 \\ 2 & -1 \end{pmatrix} = \begin{pmatrix} 2^{n+1}-1 & 1-2^n \\ 2^{n+1}-2 & 2-2^n \end{pmatrix}$$

と求まる.

問 3.3.3 与えられた連立漸化式を行列表記すれば,

$$\begin{pmatrix} x_{n+1} \\ y_{n+1} \end{pmatrix} = \begin{pmatrix} 4 & 10 \\ -3 & -7 \end{pmatrix}\begin{pmatrix} x_n \\ y_n \end{pmatrix}, \qquad \begin{pmatrix} x_1 \\ y_1 \end{pmatrix} = \begin{pmatrix} 3 \\ 1 \end{pmatrix}$$

となる. ここで,

$$\begin{pmatrix} x_n \\ y_n \end{pmatrix} = \begin{pmatrix} 4 & 10 \\ -3 & -7 \end{pmatrix}\begin{pmatrix} x_{n-1} \\ y_{n-1} \end{pmatrix} = \cdots = \begin{pmatrix} 4 & 10 \\ -3 & -7 \end{pmatrix}^{n-1}\begin{pmatrix} x_1 \\ y_1 \end{pmatrix}$$

とかけるので, $\begin{pmatrix} 4 & 10 \\ -3 & -7 \end{pmatrix}^{n-1}$ を求めれば一般項が求められることがわかる. まず
は行列 $\begin{pmatrix} 4 & 10 \\ -3 & -7 \end{pmatrix}$ の固有値を求めると $t = -1, -2$ と求まる. 固有値 $t = -1, -2$
に属する固有ベクトルはそれぞれ $\vec{v} = \begin{pmatrix} 2 \\ -1 \end{pmatrix}$, $\vec{u} = \begin{pmatrix} 5 \\ -3 \end{pmatrix}$ である. よって, 対角
化に必要な行列 P とその逆行列 P^{-1} は

$$P = \begin{pmatrix} 2 & 5 \\ -1 & -3 \end{pmatrix}, \ P^{-1} = \begin{pmatrix} 3 & 5 \\ -1 & -2 \end{pmatrix}$$

とわかる．これらを用いて対角化すれば $P^{-1}AP = \begin{pmatrix} -1 & 0 \\ 0 & -2 \end{pmatrix}$ と求まる．これを B とおくと $B^n = \begin{pmatrix} (-1)^n & 0 \\ 0 & (-2)^n \end{pmatrix}$ となる．よって，$A^{n-1} = PB^{n-1}P^{-1}$ であることに注意すると

$$\begin{pmatrix} 4 & 10 \\ -3 & -7 \end{pmatrix}^{n-1} = \begin{pmatrix} 2 & 5 \\ -1 & -3 \end{pmatrix} \begin{pmatrix} (-1)^{n-1} & 0 \\ 0 & (-2)^{n-1} \end{pmatrix} \begin{pmatrix} 3 & 5 \\ -1 & -2 \end{pmatrix}$$
$$= \begin{pmatrix} 6(-1)^{n-1} - 5(-2)^{n-1} & 10(-1)^{n-1} + 5(-2)^n \\ 3(-1)^n + 3(-2)^{n-1} & 5(-1)^n - 3(-2)^n \end{pmatrix}$$

が求まる．よって，一般項は以下のように求まる．

$$\begin{pmatrix} x_n \\ y_n \end{pmatrix} = \begin{pmatrix} 6(-1)^{n-1} - 5(-2)^{n-1} & 10(-1)^{n-1} + 5(-2)^n \\ 3(-1)^n + 3(-2)^{n-1} & 5(-1)^n - 3(-2)^n \end{pmatrix} \begin{pmatrix} x_1 \\ y_1 \end{pmatrix}$$
$$= \begin{pmatrix} 6(-1)^{n-1} - 5(-2)^{n-1} & 10(-1)^{n-1} + 5(-2)^n \\ 3(-1)^n + 3(-2)^{n-1} & 5(-1)^n - 3(-2)^n \end{pmatrix} \begin{pmatrix} 3 \\ 1 \end{pmatrix}$$
$$= \begin{pmatrix} 28(-1)^{n-1} - 25(-2)^{n-1} \\ 14(-1)^n + 15(-2)^{n-1} \end{pmatrix}.$$

問 3.3.4 (1) 対応する固有方程式を考えると

$$\det(tE_2 - A) = \det \begin{pmatrix} t-2 & -1 \\ -1 & t-2 \end{pmatrix} = (t-3)(t-1) = 0$$

と求まる．よって，$t = 1, 3$ が A の固有値である．固有値 $t = 1$ に対応する固有ベクトル $\vec{v}$，固有値 $t = 3$ に対応する固有ベクトル $\vec{u}$ はそれぞれ $\vec{v} = \begin{pmatrix} -1 \\ 1 \end{pmatrix}$, $\vec{u} = \begin{pmatrix} 1 \\ 1 \end{pmatrix}$ となる．直交行列は各列のベクトルの大きさが 1 であるから，それぞれの大きさ $|\vec{v}| = |\vec{u}| = \sqrt{2}$ で割って，対角化に必要な行列 R は $R = \begin{pmatrix} -1/\sqrt{2} & 1/\sqrt{2} \\ 1/\sqrt{2} & 1/\sqrt{2} \end{pmatrix}$ と求まる．これは直交行列であるので，逆行列 R^{-1} は $R^{-1} = {}^t R = \begin{pmatrix} -1/\sqrt{2} & 1/\sqrt{2} \\ 1/\sqrt{2} & 1/\sqrt{2} \end{pmatrix}$ となる．よって，$R^{-1}AR = \begin{pmatrix} 1 & 0 \\ 0 & 3 \end{pmatrix}$ と対

角化できる.

(2) 対応する固有方程式を考えると

$$\det(tE_2 - A) = \det \begin{pmatrix} t & -2 \\ -2 & t-3 \end{pmatrix} = (t-4)(t+1) = 0$$

と求まる.よって,$t = -1, 4$ が A の固有値である.固有値 $t = -1$ に対応する固有ベクトル $\vec{v}$,固有値 $t = 4$ に対応する固有ベクトル $\vec{u}$ はそれぞれ $\vec{v} = \begin{pmatrix} 2 \\ -1 \end{pmatrix}$, $\vec{u} = \begin{pmatrix} 1 \\ 2 \end{pmatrix}$ となる.直交行列は各列のベクトルの大きさが 1 であるから,それぞれの大きさ $|\vec{v}| = |\vec{u}| = \sqrt{5}$ で割って,対角化に必要な行列 R は $R = \begin{pmatrix} 2/\sqrt{5} & 1/\sqrt{5} \\ -1/\sqrt{5} & 2/\sqrt{5} \end{pmatrix}$ と求まる.これは直交行列であるので,逆行列 R^{-1} は $R^{-1} = {}^tR = \begin{pmatrix} 2/\sqrt{5} & -1/\sqrt{5} \\ 1/\sqrt{5} & 2/\sqrt{5} \end{pmatrix}$ となる.よって,$R^{-1}AR = \begin{pmatrix} -1 & 0 \\ 0 & 4 \end{pmatrix}$ と対角化できる.

注意 3.3.1 問 3.2.4 より直交行列は回転行列か鏡映の行列しかないことがわかっている.たとえば,(1) の行列 P は

$$P = \begin{pmatrix} -1/\sqrt{2} & 1/\sqrt{2} \\ 1/\sqrt{2} & 1/\sqrt{2} \end{pmatrix} = \begin{pmatrix} \cos(3\pi/4) & \sin(3\pi/4) \\ \sin(3\pi/4) & -\cos(3\pi/4) \end{pmatrix}$$

という鏡映の行列であることがわかる.また,固有ベクトル $\vec{u}$ と $\vec{v}$ を入れかえてできる直交行列 P は

$$P = \begin{pmatrix} 1/\sqrt{2} & -1/\sqrt{2} \\ 1/\sqrt{2} & 1/\sqrt{2} \end{pmatrix} = \begin{pmatrix} \cos(\pi/4) & -\sin(\pi/4) \\ \sin(\pi/4) & \cos(\pi/4) \end{pmatrix}$$

という回転行列であることがわかる.

問 3.3.5 行列 A に対応する固有方程式は $\det(tE_2 - A) = 0$ で与えられ,行列 $P^{-1}AP$ に対応する固有方程式は $\det(tE_2 - P^{-1}AP) = 0$ で与えられる.ここで,$\det(AB) = \det A \cdot \det B$, $\det A^{-1} = 1/\det A$ であることに注意すると,

$$\det(tE_2 - P^{-1}AP) = \det(tP^{-1}E_2P - P^{-1}AP) = \det[P^{-1}(tE_2 - A)P]$$

$$= \det P^{-1} \cdot \det(tE_2 - A) \cdot \det P = \det(tE_2 - A)$$

となる．よって，行列 $P^{-1}AP$ と A の固有方程式が一致するので固有値も一致することがわかる．

第4章　写像の例2（置換と行列式）

4.1　置換

問 4.1.1 $\Omega = \{1, 2, \ldots, n\}$ なる有限集合であり，S_n は Ω から Ω への置換 σ の集合である．1 を置換 σ により移した先 $\sigma(1)$ の選び方は全部で n 通りあり，2 を置換 σ により移した先は，$\sigma(1)$ 以外の $n-1$ 通りある．よって，1 から n までを移す移し方は $n \times (n-1) \times \cdots \times 1 = n!$ 通りあることがわかる．この通りだけ置換が存在するから $\sharp S_n = n!$ とわかる．

問 4.1.2 数学的帰納法により示す．$n = 2$ のときは明らか．$n = 3$ のときは互換 (i_2, i_3) により i_2, i_3 が入れかわり，互換 (i_1, i_2) により i_1, i_2 が入れかわるので，$(i_1, i_2)(i_2, i_3)$ により $i_3 \mapsto i_2 \mapsto i_1$, $i_2 \mapsto i_3$, $i_1 \mapsto i_2$ となる．よって，

$$(i_1, i_2)(i_2, i_3) = \begin{pmatrix} i_1 & i_2 \\ i_2 & i_1 \end{pmatrix} \begin{pmatrix} i_2 & i_3 \\ i_3 & i_2 \end{pmatrix} = \begin{pmatrix} i_1 & i_2 & i_3 \\ i_2 & i_3 & i_1 \end{pmatrix} = (i_1, i_2, i_3)$$

となることからわかる．

$n = k$ のとき

$$(i_1, i_2, \ldots, i_k) = (i_1, i_2)(i_2, i_3) \ldots (i_{k-1}, i_k)$$

が成り立つと仮定すると $n = k+1$ のときは，

$$(i_1, i_2)(i_2, i_3) \ldots (i_{k-1}, i_k)(i_k, i_{k+1}) = (i_1, i_2, \ldots, i_k)(i_k, i_{k+1})$$

となる．ここで，i_{k+1} は (i_k, i_{k+1}) により $i_{k+1} \mapsto i_k$ と移り，$(i_1, \ldots, i_k)$ により $i_k \to i_1$ と移るので $i_{k+1} \mapsto i_1$ となる．また，i_k は (i_k, i_{k+1}) により $i_k \mapsto i_{k+1}$ に移り，$(i_1, \ldots, i_k)$ により変わらないので，$i_k \mapsto i_{k+1}$ となる．i_ℓ $(\ell = 1, \ldots, k-1)$ は (i_k, i_{k+1}) により変化せず，$(i_1, \ldots, i_k)$ により $i_\ell \mapsto i_{\ell+1}$ となる．よって，まとめれば

$$(i_1, i_2, \ldots, i_k)(i_k, i_{k+1}) = (i_1, i_2, \ldots, i_k, i_{k+1})$$

が成り立つことがわかり，$n = k+1$ のときも成り立つ．よって数学的帰納法より示

160　問 解 答

される.

4.2　行列式への応用

問 4.2.1 行列式の定義に従えば,

$$\det \begin{pmatrix} A_{11} & A_{12} \\ O & A_{22} \end{pmatrix} = \sum_{\sigma \in S_n} \text{sgn}(\sigma) a_{1\sigma(1)} a_{2\sigma(2)} \ldots a_{n\sigma(n)}$$

である. ここで, $1 \leq k \leq p$ に対して $p+1 \leq \sigma(k) \leq n$ なら $a_{k\sigma(k)} = 0$ となる. よって, $1 \leq k \leq p$ に対して $1 \leq \sigma(k) \leq p$ のときのみ行列式の定義に出てくる和に関係する. σ は全単射であるので, すべての $1 \leq k \leq p$ に対して $1 \leq \sigma(k) \leq p$ ならば, $p+1 \leq k \leq n$ に対しては $p+1 \leq \sigma(k) \leq n$ でなければならない. そこで, $\sigma_1 \in S_p$, $\sigma_2 \in S_q$ として, $1 \leq k \leq p$ に対して $1 \leq \sigma_1(k) \leq p$, $p+1 \leq k \leq n$ に対して $p+1 \leq \sigma_2(k) \leq n$ と定めると定義式に現れる σ の代わりに $\sigma_1\sigma_2$ を考えてもよい. このことから

$$\det \begin{pmatrix} A_{11} & A_{12} \\ O & A_{22} \end{pmatrix}$$
$$= \sum_{\sigma_1 \in S_p, \sigma_2 \in S_q} \text{sgn}(\sigma_1\sigma_2) a_{1\sigma_1(1)} \ldots a_{p\sigma_1(p)} a_{(p+1)\sigma_2(p+1)} \ldots a_{n\sigma_2(n)}$$

となる. ここで $\text{sgn}(\sigma_1\sigma_2) = \text{sgn}(\sigma_1)\text{sgn}(\sigma_2)$ に注意すると

$$\det \begin{pmatrix} A_{11} & A_{12} \\ O & A_{22} \end{pmatrix}$$
$$= \sum_{\sigma_1 \in S_p, \sigma_2 \in S_q} \text{sgn}(\sigma_1) a_{1\sigma_1(1)} \ldots a_{p\sigma_1(p)} \text{sgn}(\sigma_2) a_{(p+1)\sigma_2(p+1)} \ldots a_{n\sigma_2(n)}$$
$$= \left(\sum_{\sigma_1 \in S_p} \text{sgn}(\sigma_1) a_{1\sigma_1(1)} \ldots a_{p\sigma_1(p)} \right) \left(\sum_{\sigma_2 \in S_q} \text{sgn}(\sigma_2) a_{(p+1)\sigma_2(p+1)} \ldots a_{n\sigma_2(n)} \right)$$
$$= (\det A_{11})(\det A_{22})$$

が導かれる.

問 解 答　　161

第 5 章　空間図形

5.2　空間ベクトルの外積，平行六面体の体積

問 5.2.1　(1) $\vec{a} = (a_1, a_2, a_3)$ などとし，左辺を計算する．

$$(\vec{a} \times \vec{b}) \times \vec{c} = \left(\det \begin{pmatrix} a_2 & a_3 \\ b_2 & b_3 \end{pmatrix}, \det \begin{pmatrix} a_3 & a_1 \\ b_3 & b_1 \end{pmatrix}, \det \begin{pmatrix} a_1 & a_2 \\ b_1 & b_2 \end{pmatrix} \right) \times \vec{c}$$

であるので，各成分について計算を進める．第 1 成分に注目すれば，

$$\det \begin{pmatrix} a_3 & a_1 \\ b_3 & b_1 \end{pmatrix} c_3 - \det \begin{pmatrix} a_1 & a_2 \\ b_1 & b_2 \end{pmatrix} c_2$$

$$= (a_3 b_1 - a_1 b_3)c_3 - (a_1 b_2 - a_2 b_1)c_2$$

$$= (a_3 c_3 + a_2 c_2)b_1 - (b_3 c_3 + b_2 c_2)a_1$$

$$= (a_1 c_1 + a_2 c_2 + a_3 c_3)b_1 - (b_1 c_1 + b_2 c_2 + b_3 c_3)a_1$$

$$= (\vec{a} \cdot \vec{c})b_1 - (\vec{b} \cdot \vec{c})a_1$$

となる．同様にして第 2, 3 成分も計算すればよい．

(2) (1) を用いれば，左辺は以下のように計算できる：

$$左辺 = (\vec{a} \cdot \vec{c})\vec{b} - (\vec{b} \cdot \vec{c})\vec{a} + (\vec{b} \cdot \vec{a})\vec{c} - (\vec{c} \cdot \vec{a})\vec{b} + (\vec{c} \cdot \vec{b})\vec{a} - (\vec{a} \cdot \vec{b})\vec{c} = \vec{0}.$$

よって，右辺と一致することから示される．

5.4　空間図形 2：空間内の直線の式

問 5.4.1　点 P を通り方向ベクトルが $\vec{m}$ である直線のパラメーター表示は，

$$\begin{pmatrix} x \\ y \\ z \end{pmatrix} = \begin{pmatrix} 2t + 1 \\ 3t \\ -t + 2 \end{pmatrix}$$

で与えられる．この表示を平面の方程式に代入すれば，

$$2(2t + 1) - (3t) + 3(-t + 2) - 5 = 0$$

を得る．これを解けば，$t = 3/2$ とわかる．よって，求める交点の座標は $(4, 9/2, 1/2)$ と求まる．

162　問 解 答

問 5.4.2 平面 H の法線ベクトル $\vec{n} = (2, -1, -3)$ と $\overrightarrow{PQ}$ は平行だから, $\overrightarrow{PQ} = (2, -1, -3)t$ とかける. 点 P の座標が $(2, 5, -3)$ であることから, 点 Q の座標は $(2t+2, -t+5, -3t-3)$ とわかる. この点 Q は平面上にあるので点 Q の座標を平面の方程式に代入すれば

$$2(2t+2) - (-t+5) - 3(-3t-3) + 20 = 0$$

となる. これを解けば $t = -2$ とわかる. よって, 点 Q の座標は $(-2, 7, 3)$ と求まる.

問 5.4.3 点 $P(2+t, 2+2t, 1-t)$, 点 $Q(5+2s, -5, -5+3s)$ とかける. よって, 線分 PQ の長さは

$$PQ = \sqrt{\{5+2s-(2+t)\}^2 + \{-5-(2+2t)\}^2 + \{-5+3s-(1-t)\}^2}$$

となる. このルートの中を展開し s, t についてそれぞれ平方完成すると

$$
\begin{aligned}
PQ &= \sqrt{(3+2s-t)^2 + (-2t-7)^2 + (t+3s-6)^2} \\
&= \sqrt{13s^2 + 2s(t-12) + 6t^2 + 10t + 94} \\
&= \sqrt{13\left(s + \frac{t-12}{13}\right)^2 - \frac{t^2 - 24t + 144}{13} + 6t^2 + 10t + 94} \\
&= \sqrt{13\left(s + \frac{t-12}{13}\right)^2 + \frac{77(t^2 + 2t + 14)}{13}} \\
&= \sqrt{13\left(s + \frac{t-12}{13}\right)^2 + \frac{77}{13}(t+1)^2 + 77}
\end{aligned}
$$

となる. このことから $s = -(t-12)/13$, $t = -1$ のとき, すなわち, $t = -1$, $s = 1$ のとき, 最小値 $\sqrt{77}$ とわかる.

注意 5.4.2 上の解答から $P(1, 0, 2)$, $Q(7, -5, -2)$ のとき, PQ の長さが最小になることがわかる. この P, Q に対して $\overrightarrow{PQ} = (6, -5, -4)$ は ℓ_1 の方向ベクトル $(1, 2, -1)$ と ℓ_2 の方向ベクトル $(2, 0, 3)$ とそれぞれ直交する. 実際, $\overrightarrow{PQ} \cdot (1, 2, -1) = 6 - 10 + 4 = 0$ であり, $\overrightarrow{PQ} \cdot (2, 0, 3) = 12 + 0 - 12 = 0$ となることからわかる.

問 5.4.4 (1) $\overrightarrow{AB} = (-2, 4, 0)$, $\overrightarrow{AC} = (-2, 0, 6)$ である. よって, 求める平面の法線ベクトルは $\overrightarrow{AB}$ と $\overrightarrow{AC}$ の外積に平行であるから, $(-2, 4, 0) \times (-2, 0, 6) =$

$(24, 12, 8) = 4(6, 3, 2)$ に平行であることがわかる．このことから，求める平面は $6x + 3y + 2z + d = 0$ とかくことができる．また，点 $(1, -2, -3)$ を通るから方程式 $6x + 3y + 2z + d = 0$ に代入すれば，$d = 6$ が求まる．よって，求める平面の方程式は $6x + 3y + 2z + 6 = 0$ となる．

(2) 点と平面の距離の公式から垂線の長さ h は求まる：

$$h = \frac{|0 + 0 + 0 + 6|}{\sqrt{6^2 + 3^2 + 2^2}} = \frac{6}{7}.$$

(3) 三角形 ABC の面積は $\frac{1}{2}\sqrt{|\overrightarrow{AB}|^2|\overrightarrow{AC}|^2 - (\overrightarrow{AB} \cdot \overrightarrow{AC})^2}$ で与えられる．このことから，三角形 ABC の面積は

$$\frac{1}{2}\sqrt{|\overrightarrow{AB}|^2|\overrightarrow{AC}|^2 - (\overrightarrow{AB} \cdot \overrightarrow{AC})^2} = \frac{1}{2}\sqrt{(2\sqrt{5})^2(2\sqrt{10})^2 - 4^2} = 14$$

である．よって，四面体 $OABC$ の体積は $14 \cdot \frac{6}{7} \cdot \frac{1}{3} = 4$ とわかる．

問 5.4.5 2 つの直線の方向ベクトルはそれぞれ $(-2, 3, 1)$, $(1, -2, 1)$ であるから平行ではない．よって，交わるか，ねじれの位置にあるかのどちらかである．交わる場合を考える．2 つの直線はそれぞれ，$(x, y, z) = (-2t+2, 3t, t+1)$, $(x, y, z) = (s, -2s+4, s-1)$ とパラメーター表示される．交点は $-2t + 2 = s$, $3t = -2s + 4$, $t + 1 = s - 1$ の解である．3 つ目の式から $s = t + 2$ であることがわかるので，1 つ目の式に代入すれば，$t = 0$, $s = 2$ とわかる．これを 2 つ目の式に代入すると成立するので，交点が $(2, 0, 1)$ とわかる．よって交わる．

問 5.4.6 直線の方向ベクトルは $\vec{m} = (1, -1, 1)$，平面の法線ベクトル $\vec{n}$ は $\vec{n} = (1, \sqrt{6}, -1)$ である．この 2 つのベクトルのなす角を考えれば $\frac{\pi}{2} - \theta$ が求まる．2 つのベクトルのなす角 α を考えると

$$\cos\alpha = \frac{\vec{m} \cdot \vec{n}}{|\vec{m}||\vec{n}|} = \frac{1 - \sqrt{6} - 1}{\sqrt{3} \cdot 2\sqrt{2}} = -\frac{1}{2}$$

となり，$\alpha = \frac{2\pi}{3}$ とわかる．よって，$\pi - \frac{2\pi}{3} = \frac{\pi}{3}$ が 2 つのベクトル $\vec{m}$, $\vec{n}$ のなす角となる．これより $\frac{\pi}{2} - \theta = \frac{\pi}{3}$ なので，$\theta = \frac{\pi}{6}$ とわかる．

問 5.4.7 (1) 2 つの平面のなす角とそれぞれの法線ベクトルのなす角は等しいので，2 つの法線ベクトルのなす角を調べる．2 つの平面の法線ベクトルはそれぞれ $(1, 2, -3)$, $(3, -1, -2)$ である．よって，なす角 θ は

164   問 解 答

$$\cos\theta = \frac{3-2+6}{\sqrt{14}\cdot\sqrt{14}} = \frac{1}{2}$$

を満たす．このことから $\theta = \frac{\pi}{3}$ が求まる．

(2) 交線の方程式は連立方程式

$$\begin{cases} x + 2y - 3z = -1, \\ 3x - y - 2z = 4 \end{cases}$$

を解けばよい．これを z を定数だと考えて z を右辺に移項して

$$\begin{cases} x + 2y = 3z - 1, \\ 3x - y = 2z + 4 \end{cases}$$

を解けば，$x = z+1$, $y = z-1$ とわかる．よって，交線の方程式 $x-1 = y+1 = z$ が求まる

(3) 実数 k を用いて，求める平面の式は $(x + 2y - 3z + 1) + k(3x - y - 2z - 4) = 0$ とおける．なぜなら，これを k に関する恒等式だと考えれば $x + 2y - 3z + 1 = 0$ かつ $3x - y - 2z - 4 = 0$ がわかる．これは (2) で交線の方程式を求める際の方程式である．すなわち，$(x + 2y - 3z + 1) + k(3x - y - 2z - 4) = 0$ は 2 平面の交線を含むことがわかる．また平面の方程式でもあるので，2 平面の交線を含む平面の方程式であることがわかる．これが原点を通るから，$k = \frac{1}{4}$ とわかる．よって，上の式に代入して $7x + 7y - 14z = 0$ を得る．式を整理すれば，$x + y - 2z = 0$ と求めたい平面の方程式がわかる．

問 5.4.8 交点の座標は連立方程式

$$\begin{pmatrix} 2 & 3 & 1 \\ 1 & -2 & -1 \\ 3 & 2 & -1 \end{pmatrix} \begin{pmatrix} x \\ y \\ z \end{pmatrix} = \begin{pmatrix} 1 \\ 1 \\ -1 \end{pmatrix}$$

を解けばよい．よって，$(x, y, z) = (1, -1, 2)$.

問 5.4.9 (1) 2 つの球面の交円を通る球面の方程式は $x^2 + y^2 + z^2 - 9 + k(x^2 + y^2 + z^2 + 2x - 2y + 2z - 6) = 0$ とおける．ここで，$k = -1$ とすれば平面の方程式になるため，$k = -1$ とした場合が，求める平面の方程式となる．よって，求め

問 解 答 165

る平面の方程式は $x^2 + y^2 + z^2 - 9 - (x^2 + y^2 + z^2 + 2x - 2y + 2z - 6) = 0$ で
与えられる. 式を整理して $2x - 2y + 2z + 3 = 0$ を得る.

(2) (1) から 2 つの球の交わりを含む平面の方程式が $2x - 2y + 2z + 3 = 0$ とわかっ
ている. 原点からこの平面までの距離は

$$d = \frac{|2 \cdot 0 - 2 \cdot 0 + 2 \cdot 0 + 3|}{\sqrt{2^2 + (-2)^2 + 2^2}} = \frac{3}{2\sqrt{3}} = \frac{\sqrt{3}}{2}$$

である. よって球 $x^2 + y^2 + z^2 = 9$ の半径が 3 であることから, 求めたい交わ
りの円の半径は $\sqrt{9 - \dfrac{3}{4}} = \dfrac{\sqrt{33}}{2}$ と求まる.

【別解】以下のようにして求めることもできる:2 つの球の中心はそれぞれ $(0, 0, 0)$,
$(-1, 1, -1)$ である. 中心を結ぶ線分は $(-t, t, -t)$ で表せる. この線分と (1) で
求めた平面の交点は $-2t - 2t - 2t + 3 = 0$ より $t = -1/2$ とわかる. よって, 交
わりの円の中心は $(1/2, -1/2, 1/2)$ とわかる. また, その中心と原点との距離は
$\sqrt{(1/2)^2 + (-1/2)^2 + (1/2)^2} = \sqrt{3}/2$ である.

問 5.4.10 $AP = BP$ を満たす点 P のなす平面の式を求めよう. 点 P を (x, y, z) とお
くと $AP^2 = BP^2$ より

$$(x - 1)^2 + (y - 2)^2 + (z - 3)^2 = (x - 3)^2 + (y - 2)^2 + (z - 1)^2$$

となる. 式を整理して点 P は平面 $x - z = 0$ 上にあることがわかる. このことから,
点 P を (p, q, p) とおくことができる. また, 点 P は $x + y + z = 0$ 上にあるので,
$p + q + p = 0$ より $q = -2p$ とかける. よって, 改めて点 P の座標を $(p, -2p, p)$ と
表す. このことから, AP の長さは

$$AP = \sqrt{(p - 1)^2 + (-2p - 2)^2 + (p - 3)^2} = \sqrt{6p^2 + 14}$$

となる. これは $p = 0$ のとき最小値 $\sqrt{14}$ をとる. よって, その際の点 P の座標は
$(0, 0, 0)$ となる.

問 5.4.11 (1) 平面は $x/t + y/t + z/t = 1$ とかけるので, 平面と x, y, z 軸との切片は
t である. よって, $S(t)$ の面積は各軸との切片を結んでできる正三角形の面積か
ら, はみ出している同じ面積の三角形 3 つを引けば求まる:

$$S(t) = \frac{1}{2}\sqrt{2}t \cdot \sqrt{2}t \sin\frac{\pi}{3} - 3\left(\frac{1}{2}\sqrt{2}(t - 1) \cdot \sqrt{2}(t - 1)\sin\frac{\pi}{3}\right)$$

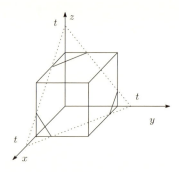

$$= \frac{\sqrt{3}}{2}t^2 - \frac{3\sqrt{3}}{2}(t-1)^2 = -\sqrt{3}t^2 + 3\sqrt{3}t - \frac{3}{2}\sqrt{3}.$$

(2) (1) で求めた式を平方完成して

$$S(t) = -\sqrt{3}t^2 + 3\sqrt{3}t - \frac{3}{2}\sqrt{3} = -\sqrt{3}\left(t - \frac{3}{2}\right)^2 + \frac{3}{4}\sqrt{3}$$

を得る．よって，$t = 3/2$ のとき，最大値 $3\sqrt{3}/4$ であることがわかる．

問 5.4.12 球の中心，すなわち原点から直線までの距離が $\sqrt{r^2 - 1}$ となればよい．直線は $x = 2 + t$, $y = 2t - 1$, $z = 2t - 3$ とパラメーター表示できる．この直線上の点と原点までの距離

$$\sqrt{(2+t)^2 + (2t-1)^2 + (2t-3)^2}$$

の最小値が $\sqrt{r^2 - 1}$ と等しくなればよい．

$$\sqrt{(2+t)^2 + (2t-1)^2 + (2t-3)^2} = \sqrt{9t^2 - 12t + 14} = \sqrt{9\left(t - \frac{2}{3}\right)^2 + 10}$$

であることから距離は $\sqrt{10}$ となる．よって，$r^2 - 1 = 10$ となり，$r = \sqrt{11}$ となる．

5.5 2変数関数のグラフ

問 5.5.1 (1) $f(x, y) = x^2 + 2\sqrt{3}xy - y^2 = \begin{pmatrix} x & y \end{pmatrix} \begin{pmatrix} 1 & \sqrt{3} \\ \sqrt{3} & -1 \end{pmatrix} \begin{pmatrix} x \\ y \end{pmatrix}$ とかける．ここで $A = \begin{pmatrix} 1 & \sqrt{3} \\ \sqrt{3} & -1 \end{pmatrix}$ とおく．A は対称行列であるから直交行列で対角化しよう．対応する固有方程式は

$$\det(tE_2 - A) = \det \begin{pmatrix} t-1 & -\sqrt{3} \\ -\sqrt{3} & t+1 \end{pmatrix} = t^2 - 4 = 0$$

であるから，固有値は $t = \pm 2$ となる．対応する固有ベクトルはそれぞれ $\begin{pmatrix} \sqrt{3}/2 \\ 1/2 \end{pmatrix}, \begin{pmatrix} -1/2 \\ \sqrt{3}/2 \end{pmatrix}$ である．よって，$R = \begin{pmatrix} \sqrt{3}/2 & -1/2 \\ 1/2 & \sqrt{3}/2 \end{pmatrix}$ とおく．ここで $R = \begin{pmatrix} \cos(\pi/6) & -\sin(\pi/6) \\ \sin(\pi/6) & \cos(\pi/6) \end{pmatrix} = R_{\pi/6}$ であり，$R^{-1} = R_{-\pi/6}$ である．よって，

$$R^{-1}AR = R_{-\pi/6}AR_{\pi/6} = \begin{pmatrix} 2 & 0 \\ 0 & -2 \end{pmatrix}$$

と対角化できる．ここで $\begin{pmatrix} \xi \\ \eta \end{pmatrix} = R_{-\pi/6} \begin{pmatrix} x \\ y \end{pmatrix}$ とおくと，

$$f(x,y) = x^2 + 2\sqrt{3}xy - y^2 = \begin{pmatrix} x & y \end{pmatrix} A \begin{pmatrix} x \\ y \end{pmatrix}$$

$$= \begin{pmatrix} \xi & \eta \end{pmatrix} \begin{pmatrix} 2 & 0 \\ 0 & -2 \end{pmatrix} \begin{pmatrix} \xi \\ \eta \end{pmatrix} = 2\xi^2 - 2\eta^2$$

と変形できる．よって，鞍のようなグラフを $R_{\pi/6}$ で回転させたグラフとなる．

(2) $f(x,y) = 5x^2 + 2xy + 5y^2 = \begin{pmatrix} x & y \end{pmatrix} \begin{pmatrix} 5 & 1 \\ 1 & 5 \end{pmatrix} \begin{pmatrix} x \\ y \end{pmatrix}$ とかける．ここで $A = \begin{pmatrix} 5 & 1 \\ 1 & 5 \end{pmatrix}$ とおく．A は対称行列であるから直交行列で対角化しよう．対応する固有方程式は

$$\det(tE_2 - A) = \det \begin{pmatrix} t-5 & -1 \\ -1 & t-5 \end{pmatrix} = t^2 - 10t + 24 = (t-6)(t-4) = 0$$

であるから，固有値は $t = 6, 4$ となる．対応する固有ベクトルはそれぞれ $\begin{pmatrix} \sqrt{2}/2 \\ \sqrt{2}/2 \end{pmatrix}, \begin{pmatrix} -\sqrt{2}/2 \\ \sqrt{2}/2 \end{pmatrix}$ である．よって，$R = \begin{pmatrix} \sqrt{2}/2 & -\sqrt{2}/2 \\ \sqrt{2}/2 & \sqrt{2}/2 \end{pmatrix}$ とおく．こ

こで $R = \begin{pmatrix} \cos(\pi/4) & -\sin(\pi/4) \\ \sin(\pi/4) & \cos(\pi/4) \end{pmatrix} = R_{\pi/4}$ であり，$R^{-1} = R_{-\pi/4}$ である．
よって，

$$R^{-1}AR = R_{-\pi/4}AR_{\pi/4} = \begin{pmatrix} 6 & 0 \\ 0 & 4 \end{pmatrix}$$

と対角化できる．ここで $\begin{pmatrix} \xi \\ \eta \end{pmatrix} = R_{-\pi/4} \begin{pmatrix} x \\ y \end{pmatrix}$ とおくと，

$$f(x,y) = 5x^2 + 2xy + 5y^2 = \begin{pmatrix} x & y \end{pmatrix} A \begin{pmatrix} x \\ y \end{pmatrix}$$

$$= \begin{pmatrix} \xi & \eta \end{pmatrix} \begin{pmatrix} 6 & 0 \\ 0 & 4 \end{pmatrix} \begin{pmatrix} \xi \\ \eta \end{pmatrix} = 6\xi^2 + 4\eta^2$$

と変形できる．よって，放物面のようなグラフを $R_{\pi/4}$ で回転させたグラフとなる．

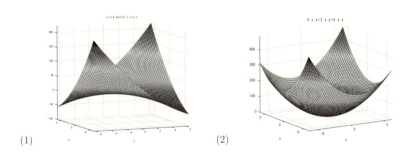

(1), (2) ともにグラフを描画ソフトでかくと上のようになる．

第6章 イプシロン・デルタ論法入門
6.3 数列の収束に関するやさしい証明

問 6.3.1 (1) 極限値 $\alpha = 0$ である．$|a_n - \alpha| < 10^{-2}$ $(n \geq N)$ が成り立つ番号 N を求める．$n \geq N$ に対して，$|a_n - \alpha| = |2^{-n} - 0| \leq 2^{-N}$ であるから，$2^{-N} < 10^{-2}$ となる番号 N を求めればよい．よって，$-N\log 2 < -2\log 10$ より $N > 2\log_2 10$ となる番号であればよい（実際は $\log_2 10 = 3.322$ だから $N \geq 7$）．

(2) 極限値 $\alpha = 1$ である．$n \geq N$ のとき，$\left|\dfrac{n}{n+1} - 1\right| = \left|\dfrac{-1}{n+1}\right| \leq \dfrac{1}{N+1}$ である

から，$\dfrac{1}{N+1} < 10^{-2}$ となる番号 N を求めればよい．$N+1 > 10^2$ であるから，$N > 100 - 1 = 99$．よって，$N \geq 100$ であればよい．

(3) 極限値を求めるために一般項を求める．$a_{n+1} - 2 = \dfrac{1}{2}(a_n - 2)$ となるので，$a_n = (a-2)\left(\dfrac{1}{2}\right)^{n-1} + 2$ と変形できる．よって，極限値は 2 とわかる．$n \geq N$ について $|a_n - 2| = |a-2|2^{-(n-1)} \leq |a-2|2^{-N+1}$ となるので，$|a-2|2^{-N+1} < 10^{-2}$ となる番号 N を求めればよい．$a = 2$ の場合はどんな番号でも 10^{-2} より小さくなるので $N \geq 1$ でよい．$a \neq 2$ の場合は，$2^N > 200|a-2|$ となればよい．よって，$N \geq \max\{1, [\log_2(200|a-2|)] + 1\}$ なる番号であればよい [1)]．

問 6.3.2 数列 $\{a_n\}_{n=1}^{\infty}$ が α に収束しないことを示すためには，次の主張を示せばよい：

「ある $\varepsilon > 0$ に対して，どんな番号 N をもってきても，ある $n \geq N$ に対して $|a_n - \alpha| \geq \varepsilon$ が成り立つ」

このことを示そう．a_n は 1 か -1 のどちらかをとるので，極限値の候補は 1 か -1 のどちらかである．実際，± 1 以外には収束しないことが以下の考察からわかる：$\alpha \neq \pm 1$ が極限となるのであれば，$\varepsilon = \min\{|\alpha - 1|, |\alpha + 1|\}/2$ とすると，どんなに大きな番号 N をもってきても $n \geq N$ に対して $|a_n - \alpha| = |(-1)^n - \alpha| \geq \varepsilon$ となる．このことは上の主張を述べていることに他ならないので数列 $\{a_n\}_{n=1}^{\infty}$ は ± 1 以外に収束しないことがわかる．

次に，極限値 $\alpha = 1$ と仮定し，上の主張を示そう．$\varepsilon = \dfrac{1}{2}$ とすると，$|a_n - 1| < \dfrac{1}{2}$ となるのは n が偶数のときのみであり，奇数のときは $|a_n - 1| < \dfrac{1}{2}$ は成立しない．よって，どんなに大きな番号 N をもってきても $n \geq N$ なる奇数番号については，$|a_n - 1| \geq \dfrac{1}{2}$ となり，1 には収束しない．同様に極限値が (-1) の場合でも同様である．よって，$\{a_n\}$ は収束しない．

【別解】 背理法で証明する．数列 $\{a_n\}$ がある α に収束するとする．このとき，「どんな $\varepsilon > 0$ に対してもある番号 N が存在して，$n \geq N$ に対して $|a_n - \alpha| < \varepsilon$ が成り立つ」．ここで特に $\varepsilon = 1$ とすると，「$n \geq N$ に対して $|a_n - \alpha| < \varepsilon$ が成り立つ」ような N が存在する．ところが，$n \geq N$ に対して $|a_n - \alpha| < 1$ が成り立つので $|a_{2m} - \alpha| + |a_{2m+1} - \alpha| < 1 + 1 = 2$ が成り立つ．一方，

[1)] $[x]$ はガウス記号である．

$$2 > |a_{2m} - \alpha| + |a_{2m+1} - \alpha|$$
$$= |1 - \alpha| + |\alpha - (-1)| \geq |(1 - \alpha) + (\alpha - (-1))| = 2$$

が成り立ち，$2 > 2$ となることから矛盾．よって，どんな α に対しても収束しないことがわかる．

問 6.3.3 $a_{n+1} - 1 = \dfrac{2}{3}(a_n - 1)$ と変形できるので，$a_n = \left(\dfrac{2}{3}\right)^{n-1} + 1$ と一般項が求まる．この数列の極限値が 1 となることを示す．任意の $\varepsilon > 0$ に対して，ある（十分大きな）自然数 $N = N(\varepsilon) > 0$ が存在して $n \geq N$ であれば $|a_n - 1| < \varepsilon$ となればよい．ε を 1 つ任意に固定して対応する番号 N を求める．$n \geq N$ のとき，

$$|a_n - 1| = \left| \left(\frac{2}{3}\right)^{n-1} + 1 - 1 \right| = \left(\frac{2}{3}\right)^{n-1} \leq \left(\frac{2}{3}\right)^{N-1} < \varepsilon$$

となればよいから，番号 N は $N > \dfrac{\log \varepsilon}{\log(2/3)} + 1$ を満たせばよい．よって，どんな ε に対しても N を $N > \dfrac{\log \varepsilon}{\log(2/3)} + 1$ となるだけ十分大きく選べば，$n \geq N$ に対して $|a_n - 1| < \varepsilon$ が成立する．よって，数列 $\{a_n\}$ は 1 に収束することがわかる．

問 6.3.4 仮定より任意の $\varepsilon > 0$ に対してある番号 N が存在して $n \geq N$ であれば $|b_n - \beta| < \varepsilon$ が成り立つ．すなわち，$n \geq N$ に対して $\beta - \varepsilon < b_n < \beta + \varepsilon$ が成り立つ．$\beta > 0$ の場合は $\varepsilon = \dfrac{\beta}{2} > 0$ ととれば $b_n > \dfrac{\beta}{2} > 0$ となり，逆に $\beta < 0$ の場合は，$\varepsilon = -\dfrac{\beta}{2} > 0$ とすると $b_n < \dfrac{\beta}{2} < 0$ となる．これらのことから $|b_n| > \dfrac{|\beta|}{2} > 0$ となることがわかる．よって，具体的には $K = \min\left\{ |b_1|, |b_2|, \ldots, |b_{N-1}|, \dfrac{|\beta|}{2} \right\}$ とすれば題意を得る．

問 6.3.5 上に有界であることをはじめに示す．二項定理から

$$a_n = \sum_{k=0}^{n} \frac{n!}{k!(n-k)!} \frac{1}{n^k} = \sum_{k=0}^{n} \frac{1}{k!} \frac{n(n-1)\cdots(n-k+1)}{n^k}$$

とかける．このとき，$k \geq 2$ に対して $k! = k(k-1)\cdots 2 \cdot 1 \geq 2^{k-1}$ であることに注意すると

$$a_n = 1 + 1 + \sum_{k=2}^{n} \frac{1}{k!} \left(1 - \frac{1}{n}\right) \left(1 - \frac{2}{n}\right) \cdots \left(1 - \frac{k-1}{n}\right)$$

$$< 2 + \sum_{k=2}^{n} \frac{1}{k!} < 2 + \sum_{k=2}^{n} \frac{1}{2^{k-1}} = 3 - \left(\frac{1}{2}\right)^{n-1} < 3$$

となる．よって，上に有界であることがわかる．

次に，数列 $\{a_n\}$ が単調増加列であることを示す．$n = 1$ のときは，$a_1 = (1+1)^1 = 2$，$a_{1+1} = \left(1 + \dfrac{1}{2}\right)^2 = \dfrac{9}{4}$ より，$a_1 < a_2$ であることがわかる．また，$n \geq 2$ のとき，

$$a_n = 1 + 1 + \sum_{k=2}^{n} \frac{1}{k!} \frac{n(n-1)\cdots(n-k+1)}{n^k}$$

$$= 2 + \sum_{k=2}^{n} \frac{1}{k!} \left(1 - \frac{1}{n}\right) \left(1 - \frac{2}{n}\right) \cdots \left(1 - \frac{k-1}{n}\right)$$

$$< 2 + \sum_{k=2}^{n} \frac{1}{k!} \left(1 - \frac{1}{n+1}\right) \left(1 - \frac{2}{n+1}\right) \cdots \left(1 - \frac{k-1}{n+1}\right)$$

$$< 2 + \sum_{k=2}^{n+1} \frac{1}{k!} \left(1 - \frac{1}{n+1}\right) \left(1 - \frac{2}{n+1}\right) \cdots \left(1 - \frac{k-1}{n+1}\right) = a_{n+1}$$

となる．このことから $n \geq 2$ のとき $\{a_n\}$ は単調増加であることがわかる．よって，$n \geq 1$ に対して $\{a_n\}$ は単調増加列であることがわかる．

問 6.3.6 仮定から任意の $\varepsilon > 0$ に対してある番号 $N_1 = N_1(\varepsilon)$ が存在して $n \geq N_1$ であれば，$|a_n - \alpha| < \dfrac{\varepsilon}{2}$ が成り立つ．これを基に b_n が α に収束することを示す．$\varepsilon > 0$ を 1 つ任意に固定して，上を満たすように番号 N_1 をとる．このとき，

$$|b_n - \alpha|$$

$$= \left| \frac{a_1 + a_2 + \cdots + a_n}{n} - \alpha \right|$$

$$= \left| \frac{a_1 + \cdots + a_{N_1-1}}{n} + \frac{a_{N_1} + \cdots + a_n}{n} - \frac{(N_1 - 1) + \{n - (N_1 - 1)\}}{n} \alpha \right|$$

$$\leq \left| \frac{a_1 + \cdots + a_{N_1-1} - (N_1 - 1)\alpha}{n} \right| + \left| \frac{a_{N_1} + \cdots + a_n - \{n - (N_1 - 1)\}\alpha}{n} \right|$$

と変形できる．第 2 項目は「$n \geq N_1$ であれば $|a_n - \alpha| < \dfrac{\varepsilon}{2}$」であるから，

$$\left| \frac{a_{N_1} + \cdots + a_n - \{n - (N_1 - 1)\}\alpha}{n} \right| \le \frac{|a_{N_1} - \alpha| + \cdots + |a_n - \alpha|}{n}$$

$$\le \frac{n - (N_1 - 1)}{2n}\varepsilon < \frac{1}{2}\varepsilon$$

が成り立つ. また, 第 1 項目は $a_1 + \cdots + a_{N_1-1}$ はある実数であるから, 番号 N_2 を

$$N_2 > \frac{2|a_1 + \cdots + a_{N_1-1} - (N_1 - 1)\alpha|}{\varepsilon}$$

ととれば $n \ge N_2$ に対して

$$\frac{|a_1 + \cdots + a_{N_1-1} - (N_1 - 1)\alpha|}{n} \le \frac{|a_1 + \cdots + a_{N_1-1} - (N_1 - 1)\alpha|}{N_2} < \frac{1}{2}\varepsilon$$

と評価できる. よって, 任意の $\varepsilon > 0$ に対して番号 N を $N = \max\{N_1, N_2\}$ ととれば, $n \ge N$ に対して $|b_n - \alpha| < \varepsilon$ となる. よって示された.

問 6.3.7 区間 $x > 0$ において $f(x) = 1/x$ は単調に減少する正の連続関数である. このことから, 区間 $[k, k+1]$ においては $f(k+1) < f(x) < f(k)$ $(k < x < k+1)$ が成り立つ. よって,

$$f(k+1) < \int_k^{k+1} f(x)dx < f(k)$$

が成り立つ. 右側の不等式を $k = 1, 2, \ldots, n-1$ について加えれば, $\int_1^n f(x)dx \le \sum_{k=1}^{n-1} f(k)$ が成り立つ. そこで, $a_n = \sum_{k=1}^n f(k) - \int_1^n f(x)dx$ なので,

$$a_n = \left(\sum_{k=1}^{n-1} f(k) - \int_1^n f(x)dx \right) + f(n) \ge f(n) = \frac{1}{n} > 0$$

と評価できる. よって, $a_n > 0$ であり, 下に有界であることがわかる. また

$$a_n - a_{n+1} = \sum_{k=1}^n f(k) - \int_1^n f(x)dx - \left(\sum_{k=1}^{n+1} f(k) - \int_1^{n+1} f(x)dx \right)$$

$$= \int_n^{n+1} f(x)dx - f(n+1) > 0$$

がはじめの左側の不等式からわかる. よって, $\{a_n\}$ は単調減少列であることがわかる. このことから下に有界な単調減少列は収束するので, 極限値が存在する. すなわ

ち，数列 $\{a_n\}$ はある実数 γ に収束することがわかる．

6.4 関数の極限値

問 6.4.1 (2) $c = 0$ の場合は明らかなので，$c \neq 0$ の場合を考える．$\varepsilon > 0$ を任意に1つ決めて，「$0 < |x - a| < \delta$ ならば $|f(x) - \alpha| < \varepsilon/|c|$」を満たす δ をとる．このとき，$|x - a| < \delta$ であれば，$|cf(x) - c\alpha| = |c||f(x) - \alpha| < |c|\varepsilon/|c| = \varepsilon$ となる．よって，任意の $\varepsilon > 0$ に対して，ある $\delta > 0$ が存在して，$0 < |x - a| < \delta$ ならば $|cf(x) - c\alpha| < \varepsilon$ が成り立つ．よって，題意が示された．

(4) $\varepsilon > 0$ を任意に1つ決めて，

$$0 < |x - a| < \delta_1 \text{ ならば } |f(x) - \alpha| < \frac{|\beta|^2}{2(|\alpha| + |\beta|)}\varepsilon$$

を満たす δ_1 をとる．また，

$$0 < |x - a| < \delta_2 \text{ ならば } |g(x) - \beta| < \min\left\{\frac{|\beta|^2}{2(|\alpha| + |\beta|)}\varepsilon, \frac{1}{2}|\beta|\right\}$$

を満たす δ_2 をとる．$\delta = \min\{\delta_1, \delta_2\}$ とすると $0 < |x - a| < \delta$ のとき，$|g(x)| > \frac{1}{2}|\beta|$ であることに注意する．実際，三角不等式 $(|a + b| \leq |a| + |b|)$ から $|\beta| \leq |\beta - g(x)| + |g(x)| < \frac{1}{2}|\beta| + |g(x)|$ が成り立つことからわかる．このとき，$0 < |x - a| < \delta$ に対して，

$$
\begin{aligned}
\left|\frac{f(x)}{g(x)} - \frac{\alpha}{\beta}\right| &= \frac{|f(x)\beta - \alpha g(x)|}{|g(x)\beta|} \\
&< \frac{2}{|\beta|^2}|f(x)\beta - \alpha g(x)| = \frac{2}{|\beta|^2}|(f(x) - \alpha)\beta - \alpha(g(x) - \beta)| \\
&\leq \frac{2\varepsilon}{|\beta|^2}\left\{\frac{|\beta|^2}{2(|\alpha| + |\beta|)}|\beta| + |\alpha|\frac{|\beta|^2}{2(|\alpha| + |\beta|)}\right\} = \varepsilon
\end{aligned}
$$

が成立する．よって，任意の $\varepsilon > 0$ に対して，ある δ が存在して，$0 < |x - a| < \delta$ ならば $\left|\frac{f(x)}{g(x)} - \frac{\beta}{\alpha}\right| < \varepsilon$ が成り立つ．よって題意が示された．

6.5 関数の連続性の定義

問 6.5.1 $n = 0$ のとき，任意の $x_0 \in \mathbb{R}$ に対してどんな $\varepsilon > 0$ をもってきても，ある $\delta > 0$ に対して $x \in \mathbb{R}$, $|x - x_0| < \delta \Rightarrow |c - c| = 0 < \varepsilon$ が成立するので定数関数は連続であることがわかる．

174　問 解 答

次に $f(x) = x$ の場合は，任意の $x_0 \in \mathbb{R}$ に対してどんな $\varepsilon > 0$ をもってきても $\delta = \varepsilon$ とすれば，$x \in \mathbb{R}$, $|x - x_0| < \delta \Rightarrow |x - x_0| < \delta = \varepsilon$ が成立する．よって一次関数も連続である．命題 6.5.1 を繰り返し用いることで，すべての多項式 f は $\mathbb{R}$ で連続であることがわかる．

問 6.5.2 はじめに $f(x) = \sin x$ が $\mathbb{R}$ で連続であることを示す．$x_0 \in I$ を 1 つ固定し，$\varepsilon > 0$ も 1 つ固定する．このとき，和積の公式から

$$
\begin{aligned}
|f(x) - f(x_0)| &= |\sin x - \sin x_0| = \left| 2\cos\frac{x + x_0}{2} \sin\frac{x - x_0}{2} \right| \\
&= 2\left| \cos\frac{x + x_0}{2} \right| \left| \frac{\sin\frac{x - x_0}{2}}{|x - x_0|} \right| |x - x_0| < |x - x_0|
\end{aligned}
$$

ここで最後の不等式は，$\left| \cos\dfrac{x + x_0}{2} \right|$, $\left| 2\dfrac{\sin\frac{x - x_0}{2}}{x - x_0} \right| \leq 1$ であることを用いた[2]．以上から，$\delta = \varepsilon$ とすれば，$x_0 \in I$ に対してどんな $\varepsilon > 0$ をもってきても，ある $\delta > 0$ に対して

$$
x \in I, \ |x - x_0| < \delta \quad \Rightarrow \quad |\sin x - \sin x_0| < \delta = \varepsilon
$$

とできる．任意の x_0 に対して上が成り立つので，$f(x) = \sin x$ は $\mathbb{R}$ で連続とわかる．

次に $g(x) = e^x$ について考える．$f(x)$ のときと同様に $x_0 \in I$ を 1 つ固定し，$\varepsilon > 0$ も 1 つ固定する．このとき，$\delta = \log(1 + \varepsilon/e^{x_0}) > 0$ とおくと，$0 \leq x - x_0 < \delta$ に対して

$$
|e^x - e^{x_0}| = e^{x_0}(e^{x - x_0} - 1) < e^{x_0}(e^\delta - 1) = e^{x_0}(e^{\log(1 + \varepsilon/e^{x_0})} - 1) = \varepsilon
$$

と評価できる．また，$0 > x - x_0 > -\delta$ に対して

$$
\begin{aligned}
|e^x - e^{x_0}| &= e^{x_0}(1 - e^{x - x_0}) \\
&< e^{x_0}(1 - e^{-\delta}) = e^{x_0}\left(1 - \frac{1}{1 + \varepsilon/e^{x_0}} \right) = \frac{\varepsilon}{1 + \varepsilon/e^{x_0}} < \varepsilon
\end{aligned}
$$

---

[2] $\left| \frac{\sin x}{x} \right| \leq 1$ の証明は，$|x| \geq 1$ であれば $|\sin x| \leq 1$ であることから明らか．$|x| \leq 1$ の場合を考える．$0 < x \leq 1$ の場合，$x < \pi/2$ であるから半径が 1 で中心角が x の扇形の面積 $S = x/2$ と，その 2 つの半径を 2 辺とする三角形の面積 $S' = (\sin x)/2$ とを比較すると $S > S'$，つまり $x/2 > (\sin x)/2$ であることからすぐにわかる．$-1 < x < 0$ についても同様に考えればよい．$x = 0$ のときは，$\sin x/x$ が定義できないが極限を考えることで $\left| \frac{\sin x}{x} \right| \leq 1$ がわかる．

と評価できる．よって，固定した x_0 に対して，どんな $\varepsilon > 0$ をもってきても必ずある δ がとれて，

$$x \in I, \ |x - x_0| < \delta \quad \Rightarrow \quad |e^x - e^{x_0}| < \varepsilon$$

とできる．任意の x_0 に対して上が成り立つので，$g(x) = e^x$ は $\mathbb{R}$ で連続とわかる．

問 6.5.3 I の任意の元 $a \in I$ での連続性を示せばよい．そこで，$\varepsilon > 0$ と $a \in I$ を1つ任意に固定する．このとき，次を満たす $\delta = \delta(a, \varepsilon) > 0$ が存在することを示せばよい：

$$|x - a| < \delta \quad \Rightarrow \quad |(g \circ f)(x) - (g \circ f)(a)| < \varepsilon.$$

仮定から $f(a) \in J$ であり，$g(y)$ は点 $y = f(a) \in J$ で連続だから，与えられた $\varepsilon > 0$ に対して $\delta_g > 0$ が存在して，$|y - f(a)| < \delta_g \ (y \in J)$ であれば，$|g(y) - g(f(a))| < \varepsilon$ が成り立つ．また，$f(x)$ は $a \in I$ で連続だから，この $\delta_g > 0$ に対してある $\delta_f = \delta_f(\delta_g) > 0$ が存在して，$|x - a| < \delta_f \ (x \in I)$ であれば $|f(x) - f(a)| < \delta_g$ が成り立つ．よって，$y = f(x)$ とすれば

$$|(g \circ f)(x) - (g \circ f)(a)| = |g(f(x)) - g(f(a))| = |g(y) - g(f(a))| < \varepsilon$$

が成り立つ．よって，点 $a \in I$ で $g \circ f$ が連続であることがわかる．点 a は任意だから，I で $g \circ f$ が連続であることがわかる．

問 6.5.4 $F(x) = \max\{f(x), g(x)\}$ は次のように書き直すことができる．

$$F(x) = \frac{1}{2} \left(f(x) + g(x) + |f(x) - g(x)| \right)$$

実際，$f(x) \geq g(x)$ の場合，

$$F(x) = \frac{1}{2} \left(f(x) + g(x) + f(x) - g(x) \right) = f(x) = \max\{f(x), g(x)\}$$

となり，$f(x) \leq g(x)$ の場合，

$$F(x) = \frac{1}{2} \{ f(x) + g(x) - (f(x) - g(x)) \} = g(x) = \max\{f(x), g(x)\}$$

となることからわかる．よって，命題 6.5.1 を用いれば，あとは「関数 $h(x)$ が区間 I で

176　問 解 答

連続であるとき，$|h(x)|$ も区間 I で連続である」ことがいえればよい．点 a を I から任意に 1 つ選ぶ．$h(x)$ は区間 I で連続であるから，任意の $\varepsilon > 0$ に対してある $\delta = \delta(\varepsilon, a) > 0$ が存在して，$|x - a| < \delta$ であれば $|h(x) - h(a)| < \varepsilon$ とできる．同じ δ を用いて絶対値 $|h(x)|$ が連続であることを調べる．絶対値の三角不等式 $(|p + q| \leq |p| + |q|)$ から $\big||h(x)| - |h(a)|\big| \leq |h(x) - h(a)| < \varepsilon$ が示せる．よって，任意の $\varepsilon > 0$ に対して，$\delta > 0$ が存在して $|x - a| < \delta$ であれば，$\big||h(x)| - |h(a)|\big| < \varepsilon$ が成り立つ．このことから，点 a で $|h(x)|$ は連続となり，点 $a \in I$ は任意だから $|h(x)|$ は I で連続となる．よって，$F(x) = \max\{f(x), g(x)\}$ は I で連続となる．

問 6.5.5 与えられた関数 $f(x)$ が $x = 0$ で連続でないことを示そう．そのためには，ある $\varepsilon > 0$ が存在して，どんな δ をとっても $|x| < \delta$ かつ $|f(x) - f(0)| = |f(x)| \geq \varepsilon$ となる x が存在することを示せばよい．$x \neq 0$ ならば $|f(x)| = ||x|/x| = |x|/|x| = 1$ であるから，例えば $\varepsilon = 1/2$ に対して，どんな δ をとっても $0 < |x| < \delta$ に対して，$|f(x)| = 1 \geq 1/2$ となる．よって，$x = 0$ では連続ではない．

これ以外の連続でない関数の例として，例えば x が整数である点で不連続な関数である $f(x) = [x]$（$[x]$ はガウス記号）などがある．

第 7 章　無限級数への応用

7.2　無限級数の収束の定義

問 7.2.1 補題 7.2.1 の逆の命題は，「$\displaystyle\lim_{n \to \infty} a_n = 0$ であれば，$\displaystyle\sum_{n=1}^{\infty} a_n$ は収束する」であるが，これは成立しない．例えば，$a_n = \dfrac{1}{n}$ などがある．実際，$a_n = \dfrac{1}{n}$ で定められた数列が 0 に収束することは明らか．級数 $\displaystyle\sum_{n=1}^{\infty} a_n$ が発散することは問 6.3.7 と $\log n \to \infty\ (n \to \infty)$ であることからわかる．

問 7.2.2 $\displaystyle\sum_{n=1}^{\infty} \left(1 + \frac{1}{n}\right)^n$ が収束すると仮定する．このとき，補題 7.2.1 より $a_n = \left(1 + \dfrac{1}{n}\right)^n$ は 0 に収束しなければならない．しかし，$\displaystyle\lim_{n \to \infty} a_n = e \neq 0$ である．よって，矛盾する．よって，この級数は収束しない．

問 7.2.3 $u_n = \dfrac{a_1 + \cdots + a_n}{n} > 0$ とおく．$\{a_n\}_{n=1}^{\infty}$ は単調減少列なので，
$$u_n - u_{n+1} = \frac{a_1 + \cdots + a_n}{n} - \frac{a_1 + \cdots + a_n + a_{n+1}}{n+1}$$

$$
\begin{aligned}
&= \frac{(n+1)(a_1 + \cdots + a_n) - n(a_1 + \cdots + a_n + a_{n+1})}{n(n+1)} \\
&= \frac{(a_1 + \cdots + a_n) - na_{n+1}}{n(n+1)} \\
&= \frac{(a_1 - a_{n+1}) + (a_2 - a_{n+1}) + \cdots + (a_n - a_{n+1})}{n(n+1)} > 0
\end{aligned}
$$

となる．よって，$\{u_n\}_{n=1}^{\infty}$ も単調減少列であることがわかる．また問 6.3.6 から，$u_n \to 0 \ (n \to \infty)$ であることもわかる．よって，定理 7.2.1 より，$\displaystyle\sum_{n=1}^{\infty}(-1)^n u_n$ は収束する．

7.3 正項級数

問 7.3.1 (1) $a_n = n^k/n!$ とおく．このとき，

$$
\frac{a_{n+1}}{a_n} = \frac{(n+1)^k}{(n+1)!} \cdot \frac{n!}{n^k} = \frac{1}{n+1}\left(1 + \frac{1}{n}\right)^k \to 0 < 1
$$

$(n \to \infty)$ となるので，無限級数 $\displaystyle\sum_{n=1}^{\infty} a_n$ は収束する．

(2) $a_n = \dfrac{1 \cdot 3 \cdots (2n-1)}{n!}$ とおく．このとき，

$$
\frac{a_{n+1}}{a_n} = \frac{1 \cdot 3 \cdots (2n+1)}{(n+1)!} \cdot \frac{n!}{1 \cdot 3 \cdots (2n-1)} = \frac{2n+1}{n+1} \to 2 > 1
$$

$(n \to \infty)$ となるので，無限級数 $\displaystyle\sum_{n=1}^{\infty} a_n$ は発散する．

(3) $a > 1$ であることに注意すれば

$$
\frac{a_{n+1}}{a_n} = \frac{2^n}{1 + a^{2n+1}} \cdot \frac{1 + a^{2n-1}}{2^{n-1}} = \frac{2(1 + a^{2n-1})}{(1 + a^{2n+1})} = \frac{2(a^{-(2n-1)} + 1)}{(a^{-(2n-1)} + a^2)} \to \frac{2}{a^2}
$$

$(n \to \infty)$．よって，$a^2 > 2$ のとき，すなわち $a > \sqrt{2}$ のとき無限級数 $\displaystyle\sum_{n=1}^{\infty} a_n$ は収束する．また，$a^2 < 2$ のとき，すなわち，$a < \sqrt{2}$ のときは無限級数 $\displaystyle\sum_{n=1}^{\infty} a_n$ は発散する．$a = \sqrt{2}$ のときは，

$$
a_n = \frac{2^{n-1}}{1 + (\sqrt{2})^{2n-1}} = \frac{2^{n-1}}{1 + 2^{n-1}\sqrt{2}} \to \frac{1}{\sqrt{2}} \neq 0 \ (n \to \infty)
$$

178   問 解 答

であるので，補題 7.2.1 より無限級数 $\displaystyle\sum_{n=1}^{\infty} a_n$ は収束しない．

問 7.3.2 (1) $\sqrt[n]{a_n} = \dfrac{1}{\log n} \to 0 < 1 \ (n \to \infty)$ であるから，無限級数 $\displaystyle\sum_{n=1}^{\infty} a_n$ は収束する．

(2) $\sqrt[n]{a_n} = \left(1 + \dfrac{1}{n}\right)^{-n} \to \dfrac{1}{e} \ (n \to \infty)$. よって，$1/e < 1$ より無限級数 $\displaystyle\sum_{n=1}^{\infty} a_n$ は収束する．

(3) $\sqrt[n]{a_n} = \dfrac{\sqrt[n]{n}}{2} \to \dfrac{1}{2} < 1 \ (n \to \infty)$ であるから，無限級数 $\displaystyle\sum_{n=1}^{\infty} a_n$ は収束する [3)]．

7.4 絶対収束と条件収束

問 7.4.1

$$\frac{a_{n+1}}{a_n} = \frac{(\sqrt{n+2} - \sqrt{n+1})x^{n+1}}{(\sqrt{n+1} - \sqrt{n})x^n} = \frac{\sqrt{n+1} + \sqrt{n}}{\sqrt{n+2} + \sqrt{n+1}} x \to x$$

である．このことから，命題 7.3.2 より $|x| < 1$ であれば無限級数 $\displaystyle\sum_{n=1}^{\infty} a_n$ は収束し，$|x| > 1$ であれば無限級数 $\displaystyle\sum_{n=1}^{\infty} a_n$ は発散する．

$x = 1$ のとき，

$$s_n = 1 + (\sqrt{2} - 1) + (\sqrt{3} - \sqrt{2}) + \cdots + (\sqrt{n+1} - \sqrt{n}) = \sqrt{n+1} \to \infty$$

となる．よって $x = 1$ のとき無限級数 $\displaystyle\sum_{n=1}^{\infty} a_n$ は発散する．

$x = -1$ のとき，$b_n = \sqrt{n+1} - \sqrt{n} = (\sqrt{n+1} + \sqrt{n})^{-1}$ は正で単調減少列であるから，定理 7.2.1 により，無限級数 $\displaystyle\sum_{n=1}^{\infty} a_n$ は収束する．よって，以上の結果をまとめれば，$-1 \leq x < 1$ で無限級数 $\displaystyle\sum_{n=1}^{\infty} a_n$ は収束する．

[3)] $\sqrt[n]{n} \to 1 \ (n \to \infty)$ は例 6.3.1 で既出．

問 7.4.2 $s_n = \sum_{k=1}^{n} \dfrac{1}{k}$ とおく. 問 6.3.7 より, $s_n - \log n - \gamma \to 0 \ (n \to \infty)$ である.
よって, $s_n = \log n + \gamma + \varepsilon_n$ となる $\{\varepsilon_n\}$ がとれ, $\varepsilon_n \to 0 \,(n \to \infty)$ となる. また,
求めたい級数を 5 項ずつに分け, それらを 1 つのまとまりと考え, はじめから順に第
1 群, 第 2 群, $\dots$, 第 n 群と名付けることにする. このとき, 第 n 群は

$$\frac{1}{4n-3} + \frac{1}{4n-1} - \frac{1}{6n-4} - \frac{1}{6n-2} - \frac{1}{6n}$$

と表される. これを以下のように変形する:

$$\frac{1}{4n-3} + \frac{1}{4n-2} + \frac{1}{4n-1} + \frac{1}{4n} - \frac{1}{2}\left(\frac{1}{2n-1} + \frac{1}{2n} + \frac{1}{3n-2} + \frac{1}{3n-1} + \frac{1}{3n}\right).$$

これは, $s_{4n} - s_{4(n-1)} - (s_{2n} - s_{2(n-1)} + s_{3n} - s_{3(n-1)})/2$ であるので, 求めたい級
数の第 $5n$ 項までの部分和 (つまり, 第 n 群までの部分和) は $s_{4n} - (s_{2n} + s_{3n})/2$ で
与えられる. この s_n に $s_n = \log n + \gamma + \varepsilon_n$ を代入すれば,

$$\begin{aligned}
&s_{4n} - \frac{1}{2}(s_{2n} + s_{3n}) \\
&= \log 4n + \gamma + \varepsilon_{4n} - \frac{1}{2}\left(\log 2n + \gamma + \varepsilon_{2n} + \log 3n + \gamma + \varepsilon_{3n}\right) \\
&= \log 2 + \frac{1}{2}\log\frac{2}{3} + \left(\varepsilon_{4n} - \frac{1}{2}\varepsilon_{2n} - \frac{1}{2}\varepsilon_{3n}\right)
\end{aligned}$$

となる. ここで, 求めたい級数の和はこの和の $n \to \infty$ として求められるので, $n \to \infty$
とすれば, $\varepsilon_{4n}, \varepsilon_{2n}, \varepsilon_{3n}$ はすべて 0 に収束する. よって, 級数の和は $\log 2 + \dfrac{1}{2}\log\dfrac{2}{3}$
と求まる.

第 8 章　実数の連続性再論

8.1　コーシー列

問 8.1.1 仮定より数列 $\{a_n\}_{n=1}^{\infty}$ が α に収束するので, 任意の $\varepsilon > 0$ に対してある番
号 $N = N(\varepsilon)$ が存在して, $n \geq N(\varepsilon)$ ならば $|a_n - \alpha| < \varepsilon$ が成り立つ. この数列
$\{a_n\}_{n=1}^{\infty}$ がコーシー列であることを示すためには, 任意の $\varepsilon > 0$ に対して, 番号 N' が
存在して, $n, m \geq N'$ であれば, $|a_n - a_m| < \varepsilon$ を示せばよい. そこで, $\varepsilon > 0$ を 1 つ
固定して, $|a_n - \alpha| < \frac{1}{2}\varepsilon \ (n \geq N)$ となる番号 N を 1 つ決める. このとき, $n, m \geq N$
に対して,

$$|a_n - a_m| \leq |a_n - \alpha| + |\alpha - a_m| < \frac{1}{2}\varepsilon + \frac{1}{2}\varepsilon = \varepsilon$$

180   問 解 答

が成り立つ. よって, 任意の $\varepsilon > 0$ に対して, 番号 $N' = N$ としてとれば, $m, n \geq N'$ のとき $|a_n - a_m| < \varepsilon$ が成り立つ. よって, コーシー列であることがわかる.

問 8.1.2 $\{a_n\}_{n=1}^{\infty}$ がコーシー列であることを示す. そのためには, 任意の $\varepsilon > 0$ に対して十分大きな番号 $N = N(\varepsilon)$ が存在して, $n, m \geq N$ であれば, $|a_n - a_m| < \varepsilon$ が成り立つことを示せばよい. $\varepsilon > 0$ を 1 つ固定する. $n \geq m$ としても一般性を失わないので, $n \geq m$ として考える. このとき, $n \geq m \geq N$ に対して

$$
\begin{aligned}
|a_n - a_m| &\leq |a_n - a_{n-1}| + |a_{n-1} - a_{n-2}| + \cdots + |a_{m+1} - a_m| \\
&\leq (r^{n-2} + r^{n-3} + \cdots + r^{m-1})|a_2 - a_1| = \sum_{k=m-1}^{n-2} r^k |a_2 - a_1| \\
&\leq \sum_{k=N-1}^{\infty} r^k |a_2 - a_1| = \frac{r^{N-1}}{1-r}|a_2 - a_1|
\end{aligned}
$$

である. $\dfrac{r^{N-1}}{1-r}|a_2 - a_1| < \varepsilon$ となるだけ十分大きく番号 N をとれば, $n, m \geq N$ に対して $|a_n - a_m| < \varepsilon$ が成り立つ. よって, コーシー列であることが示される.

問 8.1.3 コーシー列の定義は任意の $\varepsilon > 0$ に対してある番号 $N = N(\varepsilon)$ があって, $m, n \geq N$ であれば, $|a_n - a_m| < \varepsilon$ であることである. ここで $\varepsilon = 1$ とすれば, それに対応した番号 $N = N(1)$ が存在して, $m, n \geq N$ であれば, $|a_n - a_m| < 1$ とできる. そこで, $M = \max\{|a_1|, \ldots, |a_N|, |a_{N+1}| + 1\}$ とおけば $|a_n| \leq M$ がすべての n に対して成り立つ. 実際, $n = 1, \ldots, N$ のときは明らか, $n \geq N+1$ のときは,

$$
|a_n| \leq |a_n - a_{N+1}| + |a_{N+1}| < 1 + |a_{N+1}| \leq M
$$

とできるので成り立つ. よって, $\{a_n\}$ は有界であることがわかる.

8.2 Bolzano-Weierstrass の定理

問 8.2.1 $a_1 = 1$ のときは $a_n = 1$ $(n = 1, 2, \ldots)$ である. よって, $\{a_n\}_{n=1}^{\infty}$ が収束し, その極限は 1 であることがわかる. よって, $a_1 \neq 1$ として考える.

漸化式 $a_{n+1} = (a_n + 1)/2$ より, a_{n+1} は a_n と 1 の間にあることがわかる. すなわち, $a_1 > 1$ のとき $a_{n+1} \in [1, a_n]$ であり, $a_1 < 1$ のとき $a_{n+1} \in [a_n, 1]$ である. 簡単のため, いま $a_1 > 1$ の場合を考えて, $I_n = [1, a_n]$ とおく ($a_1 < 1$ のときは, $I_n = [a_n, 1]$ とする). このとき, $a_{n+1} \in I_n$, $I_{n+1} \subset I_n$ である. 区間 I_n の長さ

$|I_n|$ は

$$|I_n| = |a_n - 1| = \left| \frac{a_{n-1} - 1}{2} \right| = \frac{1}{2}|I_{n-1}| = \cdots = \left(\frac{1}{2} \right)^{n-1} |I_1|$$

である．よって，$n \to \infty$ のとき $|I_n| \to 0$ となる．よって，区間縮小法から $\{a_n\}_{n=1}^{\infty}$ は収束する．

次に極限を求める．そこで $\{a_n\}_{n=1}^{\infty}$ の極限値を α とする．漸化式 $a_{n+1} = (a_n+1)/2$ の両辺の a_n, a_{n+1} に対して $n \to \infty$ による極限をとれば，$\alpha = (\alpha + 1)/2$ となる．よって，式を整理して $\alpha = 1$ がわかる．

8.3 Bolzano-Weierstrass の定理の応用

問 8.3.1 $\displaystyle\sum_{k=1}^{\infty} a_k$ が収束するとする．これは，その部分和 $s_n = \displaystyle\sum_{k=1}^{n} a_k$ からなる数列 $\{s_n\}$ が収束するということであるから，「任意の $\varepsilon > 0$ に対して，ある十分大きな番号 N が存在して $n, m \geq N$ であれば，$|s_n - s_m| < \varepsilon$」が成り立つ．特に $m = n - 1$ とすると「任意の $\varepsilon > 0$ に対して，ある十分大きな番号 N が存在して $n \geq N$ であれば，$|s_n - s_{n-1}| < \varepsilon$」であることがわかる．ここで，$s_n - s_{n-1} = a_n$ であることに注意すれば，「任意の $\varepsilon > 0$ に対して，ある十分大きな番号 N が存在して $n \geq N$ であれば，$|a_n| < \varepsilon$」が成り立つことがわかる．これは，$\displaystyle\lim_{n \to \infty} a_n = 0$ であることに他ならない．

問 8.3.2 無限級数 $\displaystyle\sum_{n=1}^{\infty} a_n$ の部分和 $s_n = \displaystyle\sum_{k=1}^{n} a_k$ を考える．仮定から絶対収束する，すなわち $\displaystyle\sum_{n=1}^{\infty} |a_n| < \infty$ であるので，定理 8.3.1 より $s_n' = \displaystyle\sum_{k=1}^{n} |a_k|$ がコーシー列になる．よって，任意の $\varepsilon > 0$ に対して，ある十分大きな番号 $N = N(\varepsilon)$ が存在して，$n, m \geq N$ であれば $|s_n' - s_m'| < \varepsilon$ が成り立つ．このとき，任意の $\varepsilon > 0$ を 1 つとり固定し，対応する番号 $N = N(\varepsilon)$ をとると，$n \geq m \geq N$ に対して

$$|s_n - s_m| = \left| \sum_{k=m+1}^{n} a_k \right| \leq \sum_{k=m+1}^{n} |a_k| = |s_n' - s_m'| < \varepsilon$$

が成り立つ．これは，$\{s_n\}_{n=1}^{\infty}$ がコーシー列であることを述べている．よって，定理 8.3.1 から $\{s_n\}_{n=1}^{\infty}$ は収束することがわかる．

182   問 解 答

第9章 関数列の一様収束

9.1 関数列の一様収束とその応用

問 9.1.1 n を1つ固定すると $f_n(x) = x^n$ は点 $1 \in I$ で連続であるから,任意の $\varepsilon > 0$ に対して,次を満たすような $\delta = \delta(\varepsilon, n) > 0$ が存在する:

$$|x - 1| < \delta \ (x \in I) \text{ であれば } |f_n(x) - f_n(1)| = |f_n(x) - 1| < \varepsilon.$$

すなわち,どんな $\varepsilon > 0$ をとっても必ずある $\delta = \delta(\varepsilon, n) > 0$ が存在して,次を満たす:

$$1 - \delta < x \leq 1 \text{ であれば } 1 - \varepsilon < x^n \leq 1 \text{ が成り立つ}.$$

そこで,自然数 n を任意に1つ固定し,ε を $0 < \varepsilon < 1/2$ となるものとして1つ任意に固定する.そうすると,上のことから n と ε に対応する $\delta = \delta(n, \varepsilon) > 0$ がとれる.この δ を用いて,$1 - \delta < x < 1$ となる x について考えると,上のことから $x^n > 1 - \varepsilon$ であることがわかる.$x < 1$ であるので $f(x) = 0$ となることに注意すると,$1 - \delta < x < 1$ に対して

$$|f_n(x) - f(x)| = |x^n| = x^n > 1 - \varepsilon > \frac{1}{2} > \varepsilon$$

となり,$|f_n(x) - f(x)| < \varepsilon$ とならない x が $[0, 1]$ 区間にあることがわかる.よって,題意が示された.

9.2 べき級数への応用

問 9.2.1 (1) 定義に従って計算する:

$$\frac{1}{R} = \varlimsup_{n \to \infty} \sqrt[n]{\left(1 + \frac{1}{n}\right)^{n^2}} = \varlimsup_{n \to \infty} \left(1 + \frac{1}{n}\right)^n = e.$$

よって,収束半径 R は $R = 1/e$ とわかる.

(2) 命題 9.2.1 に従って計算する:

$$R = \lim_{n \to \infty} \left| \frac{(n+1)!}{n!} \right| = \lim_{n \to \infty} (n + 1) = \infty.$$

よって,収束半径 R は $R = \infty$ とわかる.

(3) (2) の級数はすべての $x \in \mathbb{R}$ で絶対収束するので,(2) の奇数番目だけの級数も

絶対収束する．よって，(3) のべき級数の収束半径は (2) のべき級数よりも大きくなることがわかるが，(2) のべき級数の収束半径は ∞ である．よって (3) のべき級数の収束半径も ∞ となる．

(4) この級数を書き下してみると

$$\sum_{n=1}^{\infty} x^{n!} = x + x + x^2 + x^{3!} + x^{4!} + \cdots$$

$$= 0 + 2x + x^2 + 0 + 0 + 0 + x^6 + 0 + 0 + \cdots$$

となる．この級数の一般項 $a_n x^n$ の係数 a_n は $a_0 = 0$, $a_1 = 2$, $a_{n!} = 1\,(n \geq 2)$, $a_k = 0\;(k \neq n!, k \neq 1)$ を満たすので，上極限の定義に従って計算すれば，

$$\frac{1}{R} = \varlimsup_{n \to \infty} \sqrt[n]{a_n} = 1$$

とわかる．

問 9.2.2 (1) $x \in \mathbb{R}$ を任意に 1 つ固定する．このとき，数列 $\{f_n(x)\}_{n=1}^{\infty}$ は $f_n(x) = xe^{-nx^2} \to 0\,(n \to \infty)$ となることがわかる．よって，極限関数は $f(x) = 0$ となる．

(2) $|f_n(x) - f(x)| = |f_n(x)| = |xe^{-nx^2}|$ であるので，この関数の最大値を求めればよい．ここで $f_n'(x) = e^{-nx^2}(1 - 2nx^2)$ であるから，$f_n'(x) = 0$ となる x の値は，$x = \pm\sqrt{\dfrac{1}{2n}}$ である．よって，増減表をかけば，

x		$-\sqrt{\dfrac{1}{2n}}$		$\sqrt{\dfrac{1}{2n}}$	
$f_n'(x)$	$-$	0	$+$	0	$-$
$f_n(x)$	$\searrow$	$f_n\left(-\sqrt{\dfrac{1}{2n}}\right)$	$\nearrow$	$f_n\left(\sqrt{\dfrac{1}{2n}}\right)$	$\searrow$

となる．また，$\displaystyle\lim_{x \to \pm\infty} f_n(x) = 0$ であるから，$|f_n(x)|$ の最大値の候補になるのは，$\left|f_n\left(\pm\sqrt{\dfrac{1}{2n}}\right)\right|$ とわかる．

$$\left|f_n\left(\pm\sqrt{\frac{1}{2n}}\right)\right| = \left|\pm\sqrt{\frac{1}{2n}}e^{-n\cdot\frac{1}{2n}}\right| = \sqrt{\frac{1}{2ne}}$$

184   問 解 答

であるから, 最大値は $\sqrt{\dfrac{1}{2en}}$ $\left(x = \pm\sqrt{\dfrac{1}{2n}} \text{ のとき}\right)$ である.

(3) (2) から $n \to \infty$ のとき, $\displaystyle\sup_{x \in \mathbb{R}} |f_n(x) - f(x)| \to 0$ であるので, 関数列 $\{f_n\}_{n=1}^{\infty}$ は $f = 0$ に実数直線上で一様収束することがわかる.

問 9.2.3 $m < n$ とする. $\displaystyle\sum_{k=1}^{\infty} M_k < \infty$ であることから, 定理 8.3.1 より任意の $\varepsilon > 0$ に対してある番号 $N = N(\varepsilon) > 0$ が存在して, $n, m \geq N$ であれば $\displaystyle\sum_{k=m+1}^{n} M_k < \varepsilon$ とできる. この仮定と命題 9.1.1 を用いる. すなわち, 無限級数 $\displaystyle\sum_{k=1}^{\infty} f_k(x)$ の部分和 $s_n = \displaystyle\sum_{k=1}^{n} f_k(x)$ がコーシー列をなすことを示す. そこで, $\varepsilon > 0$ を 1 つ固定し, 対応する番号 $N = N(\varepsilon) > 0$ を決める. このとき, $n, m \geq N$ であれば $x \in I$ に対して

$$\left| \sum_{k=1}^{n} f_k(x) - \sum_{k=1}^{m} f_k(x) \right| = \left| \sum_{k=m+1}^{n} f_k(x) \right| \leq \sum_{k=m+1}^{n} |f_k(x)| \leq \sum_{k=m+1}^{n} M_k < \varepsilon$$

とできる. これは $\{s_n\}_{n=1}^{\infty}$ がコーシー列であることを述べている. よって, 題意が示された.

第 10 章   多変数の微積分に向けて
10.1   ユークリッド空間の開集合と閉集合

問 10.1.1 $P = (a_1, \ldots, a_n)$, $Q = (b_1, \ldots, b_n)$, $R = (c_1, \ldots, c_n)$ とする. シュワルツの不等式から

$$\sum_{j=1}^{n} (a_j - b_j)(b_j - c_j) \leq \sqrt{\left(\sum_{j=1}^{n} (a_j - b_j)^2 \right) \left(\sum_{j=1}^{n} (b_j - c_j)^2 \right)}$$

が成り立つことに注意する.

$$(a_j - c_j)^2 = (a_j - b_j)^2 + 2(a_j - b_j)(b_j - c_j) + (b_j - c_j)^2$$

となるので, 上の不等式を使って

$$d(P,R)^2$$

$$= \sum_{j=1}^{n} \left((a_j - b_j)^2 + 2(a_j - b_j)(b_j - c_j) + (b_j - c_j)^2 \right)$$

$$= \sum_{j=1}^{n} (a_j - b_j)^2 + 2 \sum_{j=1}^{n} (a_j - b_j)(b_j - c_j) + \sum_{j=1}^{n} (b_j - c_j)^2$$

$$\leq \sum_{j=1}^{n} (a_j - b_j)^2 + 2\sqrt{\left(\sum_{j=1}^{n} (a_j - b_j)^2 \right)\left(\sum_{j=1}^{n} (b_j - c_j)^2 \right)} + \sum_{j=1}^{n} (b_j - c_j)^2$$

$$= \left\{ \sqrt{\left(\sum_{j=1}^{n} (a_j - b_j)^2 \right)} + \sqrt{\left(\sum_{j=1}^{n} (b_j - c_j)^2 \right)} \right\}^2$$

$$= (d(P,Q) + d(Q,R))^2$$

となる．よって，両辺の平方根をとって得たかった三角不等式が得られる．

問 10.1.2 $\overline{D}$ が D を含む $\mathbb{R}^n$ の部分集合であることは明らかであるから，$\overline{D}$ が D を含む最小の閉集合であることを示そう．「最小の」閉集合であることを示すためには，もし，$\overline{D}$ より小さい D を含む閉集合 F があったとした場合，実は $F = \overline{D}$ となるということを示せばよい．そこで，まず $D \subset F \subset \overline{D}$ となる閉集合 F があったとする．このとき，すべてに対して閉包をとると $\overline{D} \subset \overline{F} \subset \overline{\overline{D}}$ が成り立つ．ここで F は閉集合であるから $\overline{F} = F$ が成り立つ．また補題 10.1.3 より $\overline{\overline{D}} = \overline{D}$ が成り立つ．よって $\overline{D} \subset F \subset \overline{D}$ となり，$F = \overline{D}$ となることがわかる．

問 10.1.3 (1) $(E_1 \cap E_2)^\circ = E_1^\circ \cap E_2^\circ$ を示すために，$(E_1 \cap E_2)^\circ \subset E_1^\circ \cap E_2^\circ$ と $(E_1 \cap E_2)^\circ \supset E_1^\circ \cap E_2^\circ$ の両方の包含関係を示す．はじめに $(E_1 \cap E_2)^\circ \subset E_1^\circ \cap E_2^\circ$ から示す．点 P を $P \in (E_1 \cap E_2)^\circ$ とする．このとき，内点の定義から，ある $\varepsilon > 0$ が存在して $U_\varepsilon(P) \subset E_1 \cap E_2$ が成り立つ．これは $U_\varepsilon(P) \subset E_1$ かつ $U_\varepsilon(P) \subset E_2$ であることを述べている．よって，$P \in E_1^\circ$ かつ $P \in E_2^\circ$ となり，$P \in E_1^\circ \cap E_2^\circ$ がわかる．すなわち，$(E_1 \cap E_2)^\circ \subset E_1^\circ \cap E_2^\circ$ が示された．$(E_1 \cap E_2)^\circ \supset E_1^\circ \cap E_2^\circ$ についても今の議論を逆にたどれば示される．

(2) 一般に $\mathbb{R}^n$ の部分集合 K に対して $(\overline{K})^c = (K^c)^\circ$ が成り立つことに注意する．このとき，(1) の左辺は定理 1.1.1 と $D_k^c = E_k(k=1,2)$ に注意すると

$$(E_1 \cap E_2)^\circ = (D_1^c \cap D_2^c)^\circ = ((D_1 \cup D_2)^c)^\circ = \overline{(D_1 \cup D_2)}^c$$

186　問 解 答

となる. また (1) の右辺は

$$E_1^\circ \cap E_2^\circ = (D_1^c)^\circ \cap (D_2^c)^\circ = \left(\overline{D_1}\right)^c \cap \left(\overline{D_2}\right)^c = \left(\overline{D_1} \cup \overline{D_2}\right)^c$$

となる. よって, $\left(\overline{D_1 \cup D_2}\right)^c = \left(\overline{D_1} \cup \overline{D_2}\right)^c$ が成り立つ. この補集合をとれば, $\overline{D_1 \cup D_2} = \overline{D_1} \cup \overline{D_2}$ がわかる.

(3) 成り立たない. 例えば, D_1 を閉区間 $[0,1]$, D_2 を開区間 $(-1,0)$ とすると $D_1 \cap D_2 = \emptyset$ であり $\overline{D_1 \cap D_2} = \emptyset$ となる. また, $\overline{D_1} = [0,1]$, $\overline{D_2} = [-1,0]$ であるから $\overline{D_1} \cap \overline{D_2} = \{0\}$ となる. よって, 一致しない.

問 10.1.4 $\bigcap_{i=1}^{k} U_i$ が開集合であることを示す. $P \in \bigcap_{i=1}^{k} U_i$ とする. このとき, $i = 1, 2, \ldots, k$ に対して $P \in U_i$ である. いま, U_i は開集合であるから, ある $\varepsilon_i > 0$ に対して $U_{\varepsilon_i}(P) \subset U_i$ である. ここで, $\varepsilon = \min\{\varepsilon_1, \ldots, \varepsilon_k\}$ とすると $i = 1, 2, \ldots, k$ に対して $U_\varepsilon(P) \subset U_i$ が成り立つ. よって, $U_\varepsilon(P) \subset \bigcap_{i=1}^{k} U_i$ が成り立つ. これは $\bigcap_{i=1}^{k} U_i$ が開集合であることを示している.

問 10.1.5 例えば, 開集合 $\left(-\dfrac{1}{n}, 1 + \dfrac{1}{n}\right)$ を考え, この無限個に対する共通部分を考えると $[0,1]$ という閉集合になる. すなわち, $\bigcap_{n=1}^{\infty} \left(-\dfrac{1}{n}, 1 + \dfrac{1}{n}\right) = [0,1]$ となる. 実際, $\left(-\dfrac{1}{n}, 1 + \dfrac{1}{n}\right) \supset [0,1]$ であるから $\bigcap_{n=1}^{\infty} \left(-\dfrac{1}{n}, 1 + \dfrac{1}{n}\right) \supset [0,1]$ はすぐにわかる.

逆向きの包含関係を示す. すなわち, $x \in \bigcap_{n=1}^{\infty} \left(-\dfrac{1}{n}, 1 + \dfrac{1}{n}\right)$ ならば $x \in [0,1]$ であることを示す. ここでは, この対偶の命題である「$x < 0$ や $x > 1$ なら $x \notin \bigcap_{n=1}^{\infty} \left(-\dfrac{1}{n}, 1 + \dfrac{1}{n}\right)$ である」ことを示す. もし $x < 0$ であれば, $x < -\dfrac{1}{N} < 0$ となる N を選ぶことができ, $n \geq N$ に対しては $x \notin \left(-\dfrac{1}{n}, 1 + \dfrac{1}{n}\right)$. よって, $x \notin \bigcap_{n=1}^{\infty} \left(-\dfrac{1}{n}, 1 + \dfrac{1}{n}\right)$. 同様に $x > 1$ なら $x > 1 + \dfrac{1}{N} > 1$ となる N を選ぶことができ, $n \geq N$ に対しては $x \notin \left(-\dfrac{1}{n}, 1 + \dfrac{1}{n}\right)$. よって, $x \notin \bigcap_{n=1}^{\infty} \left(-\dfrac{1}{n}, 1 + \dfrac{1}{n}\right)$. 以上から $\bigcap_{n=1}^{\infty} \left(-\dfrac{1}{n}, 1 + \dfrac{1}{n}\right) = [0,1]$ が成り立つ.

問 解 答　　187

10.2　多変数の連続関数

問 10.2.1 $\lim_{j \to \infty} P_j = Q$ の定義は「任意の $\varepsilon > 0$ に対してある自然数 N が存在して，$j \geq N$ ならば $d(P_j, Q) < \varepsilon$ が成り立つ」ことである．いま，$d(P_j, Q) = \sqrt{\sum_{i=1}^{n}(a_i^j - b_i)^2} < \varepsilon$ であれば，$|a_i^j - b_i| \leq \sqrt{\sum_{i=1}^{n}(a_i^j - b_i)^2} < \varepsilon$ であることがわかる．$\lim_{j \to \infty} P_j = Q$ であれば，「任意の $\varepsilon > 0$ に対してある自然数 N が存在して，$j \geq N$ ならば $|a_i^j - b_i| < \varepsilon$ が成り立つ」．よって $\lim_{j \to \infty} a_i^j = b_i$ が成り立つ．

一方，$\lim_{j \to \infty} a_i^j = b_i$ が成り立つとすると「任意の $\varepsilon > 0$ に対してある自然数 N が存在して，$j \geq N$ ならば $|a_i^j - b_i| < \varepsilon/\sqrt{n}$ が成り立つ」．このとき，

$$d(P_j, Q) = \sqrt{\sum_{i=1}^{n}(a_i^j - b_i)^2} < \sqrt{\sum_{i=1}^{n}\frac{\varepsilon^2}{n}} = \varepsilon$$

が成り立つので，「任意の $\varepsilon > 0$ に対してある自然数 N が存在して，$j \geq N$ ならば $d(P_j, Q) < \varepsilon$ が成り立つ」ことがわかる．よって，$\lim_{j \to \infty} P_j = Q$ がわかる．

問 10.2.2 $A \in f^{-1}(I)$ とする．このとき，$f(A) \in I$ となり，I は開集合なので，ある $\varepsilon > 0$ が存在して $U_\varepsilon(f(A)) \subset I$ となる．この $\varepsilon > 0$ に対して f は A で連続であるから，ある $\delta > 0$ が存在して，

$$d(P, A) < \delta \implies |f(P) - f(A)| < \varepsilon$$

となる．よって，$P \in U_\delta(A)$ であれば $f(P) \in U_\varepsilon(f(A))$ であることがわかり，$f(U_\delta(A)) \subset U_\varepsilon(f(A))$ が成り立つことがわかる．このことから，問 2.1.3 (1) を思い出すと

$$U_\delta(A) \subset f^{-1}(f(U_\delta(A))) \subset f^{-1}(U_\varepsilon(f(A))) \subset f^{-1}(I)$$

となり，$A \in f^{-1}(I)$ に対してある $\delta > 0$ が存在して，$U_\delta(A) \subset f^{-1}(I)$ となる．よって，$f^{-1}(I)$ は開集合であることがわかる．

問 10.2.3 $\{P_j\}$ を有界な閉集合 D 上での点列とする．このとき，各点列の点 P_j を $P_j = (a_{1j}, \ldots, a_{nj})$ とすると各成分の数列 $\{a_{kj}\}$ $(k = 1, 2, \ldots, n)$ も有界である．ま

ず，$\{a_{kj}\}$ に $\mathbb{R}^1$ の場合の Bolzano-Weierstrass の定理を適用すると

$$\{a_{1j}\} \supset \{a_{1j'}\}, \qquad a_{1j'} \to a_1 \quad (j' \to \infty)$$

となる $\{j\}$ の部分列 $\{j'\}$ と実数 a_1 が存在する．次に，$\{a_{2j'}\}$ に Bolzano-Weierstrass の定理を適用すると

$$\{a_{2j'}\} \supset \{a_{2j''}\}, \qquad a_{2j''} \to a_2 \quad (j'' \to \infty)$$

となる $\{j'\}$ の部分列 $\{j''\}$ と実数 a_2 が存在する．これを繰り返して $\{a_{nj}\}$ まで続けると次のような n 個の $\{j\}$ の部分列と n 個の実数 $a_1, \ldots, a_n$ が存在する：

$$\{j\} \supset \{j'\} \supset \cdots \supset \{j^{(n)}\},$$
$$a_{1j'} \to a_1 \ (j' \to \infty),\ a_{2j''} \to a_2 \ (j'' \to \infty), \ldots,\ a_{nj^{(n)}} \to a_n \ (j^{(n)} \to \infty).$$

したがって，$a_{1j^{(n)}} \to a_1, \ldots, a_{nj^{(n)}} \to a_n \ (j^{(n)} \to \infty)$ が成立し，$\{P_j\}$ の部分列 $\{P_{j^{(n)}}\}$ は $P = (a_1, \ldots, a_n)$ に収束することがわかる．

あとがき

　本教科書を読み終えた後に読み始めることが可能な本を紹介しよう．本教科書ですでに概観した微積分と線形代数については，[12], [14], [2], [3], [15], [26], [28], [38], [39] などでより詳しい内容を学ぶことができる．線形代数については，[21] が非常に詳しい．また微積分については [25] が最高峰であるが，ここまで詳しい内容をすべて知らなくても困らないと思う．本教科書で身につけた数学書のリテラシー（読解力）により「必要に応じて証明を深く読む能力」があることが確認できれば，微積分や線形代数のすべての定理の証明を網羅的に理解しなくても何とかなるものである．初学者にとっては，証明の細部にこだわるよりもまずは本質的な例をよく理解し，必要に応じて計算する能力を身につけることが肝心である．実際それにより証明も自ずと理解できることが多い．

　本教科書で学んだ置換についての議論は，そのまますぐに群と呼ばれるより一般の代数系に拡張される．この群論については，[34], [41], [43], [1] などを直ちに読み始めることが可能である．線形代数の知識がやや不完全であっても，本教科書で学んだ全単射についての知識があれば，大学で初めて習う群論のかなりの部分は明瞭に理解できるはずである．また [34], [41], [43] では，群論だけでなく環論や体論についても詳しく解説されている．これらは代数学と呼ばれる数学の一分野の基礎知識であるが，解析学や幾何学の最先端の深い理論の構築にも使われていることが多い．

　また本教科書のべき級数に関する結果とその証明は，実数 x を複素数 z に取りかえるだけで直ちに複素数係数のべき級数の場合に一般化できる．これにより「収束半径」という言葉が，実は複素平面の収束円の半径を意味していることがわかるであろう．さらに [3] などにあるベクトル場の線積分についてのグリーンの定理を学ぶことにより，複素解析もしくは複素関数論と呼ばれる分野に速やかに入門することが可能である．これについては，特に [24] が入門書として適切であると思われる．複素解析は現代数学の様々な美しい理論の入り口であり，理論物理や工学にも多くの応用がある．

190 　あとがき

　空間図形や空間内の関数のグラフなどに興味を持った読者は，さらに高次元のユークリッド空間内の様々な図形にも関心を持つのが自然であろう．これらについては，[18], [10], [29], [20], [37], [40], [31] などで学ぶことができる．[20] ではベクトル解析も同時に学ぶことができる．また [37], [40], [31] では，曲線や曲面を一般次元に拡張した概念である多様体について入門的な解説がなされている．多様体は現代数学の中心的な研究対象のひとつであり，微分方程式などの解析学の問題も多様体上で研究されていることが多い．

　本教科書ではユークリッド空間内の開集合や閉集合について学んだ．これらの概念を抽象化することにより，位相空間の理論が構成された．位相空間論は多様体や関数解析，代数幾何などの現代数学のより高度な理論を学ぶために不可欠である．その入門書としては [36] などが特にわかりやすいと思う．位相空間論は代数学の理論とさらに融合し，代数的トポロジーに発展している．代数的トポロジーにより，目に見えない高次元の図形についても代数学の力でかなり詳しい構造を解明することが可能である．これについては [30], [35], [36] などが基本的な入門書である．

　線形代数を無限次元化することにより，関数解析の理論が生まれた．これを学ぶためには，まず重積分の理論を抽象化したルベーグ積分の理論を [5], [22], [23] などで速習するのがよい．ルベーグ積分の理論は現代の確率論を学ぶ上でも不可欠である．すなわち確率論の多くの研究は，確率測度空間という特別な測度空間上で行われていると言っても過言ではない．関数解析については数多くの解説書があるが，特に [17] が入門書としては定評がある．関数解析は微分方程式や作用素環論などに多くの応用がある．

　本教科書を読み終えさらに微積分と線形代数の基礎を学んだ読者は，微分方程式の理論を学ぶことができる．入門書としては [7], [33], [9], [32], [4], [27] などが読みやすいと思う．これらは一変数の関数についての微分方程式すなわち常微分方程式を主に扱っている．多変数関数についての微分方程式を偏微分方程式と呼ぶ．これについては [13], [8], [11] などが入門書としては適切であろう．読了にはかなりの忍耐力がいるが，[16] はより本格的な入門書である．微分方程式は自然現象を記述するのに欠かせない概念であり，数学だけでなく自然科学全般において重要である．

　以上，本教科書を読み終えた後に勉強できる数学の分野を紹介してきたが，現

代数学においてはこれらの発展形のいくつかが，さらに高度に複合した理論が実際には研究されていることが多い．つまり自分が将来整数論を研究したいからといって，解析学や幾何学の勉強を疎かにしてよいわけではない．少なくとも学部時代は幅広く興味を持ち，色々な分野の勉強をしておくことが望ましい．

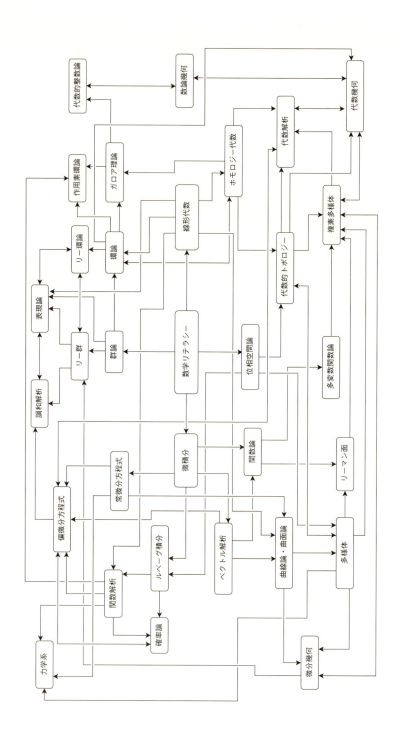

参考文献

[1] 赤尾和男，「線形代数と群」，共立出版.

[2] 上見練太郎・勝股脩・加藤重雄・久保田幸次・神保秀一・山口佳三，「微分」，共立出版.

[3] 上見練太郎・勝股脩・加藤重雄・久保田幸次・神保秀一・山口佳三，「積分」，共立出版.

[4] 浅倉史興・森本芳則，「基礎課程　微分方程式」，サイエンス社.

[5] 新井仁之，「ルベーグ積分講義」，日本評論社.

[6] 石川剛郎，「論理・集合・数学語」，共立出版.

[7] 石村隆一・日野義之・岡田靖則，「微分方程式」，牧野書店.

[8] 磯崎　洋，「数理物理学における微分方程式」，日本評論社.

[9] 井ノ口順一，「常微分方程式」，日本評論社.

[10] 梅原雅顕・山田光太郎，「曲線と曲面—微分幾何的アプローチ」，裳華房.

[11] 及川正行，「偏微分方程式」，岩波書店.

[12] 笠原勇二・平良和昭・南　就将・若林誠一郎，「明解　微分積分」，数学書房.

[13] 加藤義夫，「偏微分方程式」，サイエンス社.

[14] 川久保勝夫，「線形代数学（新装版）」，日本評論社.

[15] 木村達雄・竹内光弘・宮本雅彦・森田　純，「明解　線形代数」，日本評論社.

[16] 熊ノ郷　準，「偏微分方程式」，共立出版.

[17] 黒田成俊，「関数解析」，共立出版.

[18] 小林昭七，「曲線と曲面の微分幾何」，裳華房.

[19] 小林昭七，「円の数学」，裳華房.

[20] 小林真平，「曲面とベクトル解析」，日本評論社.

[21] 佐武一郎，「線形代数学」，裳華房.

[22] 志賀徳造，「ルベーグ積分から確率論」，共立出版.

[23] 柴田良弘，「ルベーグ積分論」，内田老鶴圃.

[24] 神保道夫，「複素関数入門」，岩波書店.

[25] 杉浦光夫，「解析入門 I, II」，東京大学出版会.

194 　参考文献

[26] 関口次郎，「微分積分学」，牧野書店.

[27] 高桑昇一郎，「微分方程式と変分法—微分積分で見えるいろいろな現象」，共立出版.

[28] 竹山美宏，「線形代数」，日本評論社.

[29] 田崎博之，「曲線・曲面の微分幾何」，共立出版.

[30] 田村一郎，「トポロジー」，岩波全書.

[31] 坪井　俊，「幾何学 I, II, III」，東京大学出版会.

[32] 原　惟行・松永秀章，「常微分方程式入門」，共立出版.

[33] 原岡喜重，「微分方程式」，数学書房.

[34] 堀田良之，「代数入門—群と加群」，裳華房.

[35] 枡田幹也，「代数的トポロジー」，朝倉書店.

[36] 松本幸夫，「トポロジー入門」，岩波書店.

[37] 松本幸夫，「多様体の基礎」，東大出版会.

[38] 三宅敏恒，「入門微分積分」，培風館.

[39] 三宅敏恒，「入門線形代数」，培風館.

[40] 村上信吾，「多様体」，共立出版.

[41] 森田康夫，「代数概論」，裳華房.

[42] 山崎隆雄，「初等整数論—数論幾何への誘い」，共立出版.

[43] 雪江明彦，「代数学 1, 2, 3」，日本評論社.

索　引

────── あ行 ──────

一次従属, 31
一次独立, 31
一次変換, 26
位置ベクトル, 54
一様収束, 117
ε-近傍, 78
オイラーの定数, 89

────── か行 ──────

開区間, 5
開集合, 128
外積, 55
外点, 127
回転行列, 29
ガウス記号, 80
下界, 6
可換図式, 36
可逆行列, 22
各点収束, 117
下限, 8
関数
　I 上連続, 93
　A 上定義されている, 89
　収束する, 90
　点 $a \in I$ で連続である, 93
関数列, 117
基本列, 109
逆行列, 22
逆写像, 14
逆像, 13
逆置換, 42
球面, 57
鏡映, 30
境界, 127

境界点, 127
行列, 17
　結合法則, 20
　積, 19
　積についての単位元, 22
　第 i 行, 17
　第 (i, j) 成分, 17
　第 j 列, 17
　転置, 21
　等しい, 18
　分配法則, 20
　和, 18
　和についての単位元, 19
行列式, 22, 45
　多重線形性, 48
極限関数, 117
極限値, 90, 132
極小値, 137
極大値, 137
距離, 125
空集合, 2
区間, 5
区間縮小法, 112
グラフ, 68
クロネッカーのデルタ, 21
元, 1
広義一様収束, 123
合成写像, 13
交代級数, 100
恒等写像, 11
恒等置換, 42
公理, 7
互換, 44
コーシーの条件, 119
コーシー列, 109
固有値, 34

固有ベクトル, 34
固有方程式, 34
コンパクト集合, 134

──────── さ行 ────────

差集合, 2
差積, 51
サラスの公式, 46
三角不等式, 82, 125
C^∞–級, 135
実数の連続性公理, 7
　　いいかえ, 87
実数列, 77
　　狭義単調増加, 87
　　収束する, 78, 79
　　正の無限大 ∞ に発散する, 81
　　単調増加, 87
　　発散する, 79
　　非減少, 87
　　有界, 84
射影, 16
写像, 11
　　値, 11
　　結合, 13
　　結合法則, 13
　　像, 13
　　等しい, 11
集合, 1
　　合併, 2
　　共通部分, 2
　　等しい, 2
　　交わり, 2
　　有界, 6
　　　上に有界, 6
　　　下に有界, 6
重積分
　　変数変換公式, 141
収束半径, 121
収束判定法
　　コーシーの収束判定法, 104, 107
　　ダランベールの収束判定法, 102, 107
シュワルツの不等式, 126
巡回置換, 44

上界, 6
上極限, 105
上限, 8
条件収束する, 107
真部分集合, 2
真理集合, 4
スカラー 3 重積, 56
正項級数, 101
正則行列, 22
絶対収束する, 105
接平面, 135
線形写像, 25
線形変換, 26
全射, 12
全称記号, 80
全体集合, 3
全単射, 12
存在記号, 80

──────── た行 ────────

第 n 部分和, 98
対角化, 35
対角行列, 28
対偶, 5
対称行列, 37
縦線集合, 140
単位行列, 21
単位超立方体, 72
単位ベクトル, 31
単射, 11
置換, 41
　　積, 42
　　長さ, 44
　　符号, 45
超平行六面体, 73
調和級数, 99
直積集合, 16
直線, 62
直交行列, 31, 73
定義域, 132
デカルト積, 16
テーラー展開, 136
転倒数, 52

点と平面の距離の公式, 60
点列
　　収束する, 131
ド・モルガンの法則, 3
トレース, 22

———————— な行 ————————

内積, 19, 54, 125
内点, 127
内部, 127
2 次形式の標準化, 71
2 重積分, 140
ねじれの位置にある, 64

———————— は行 ————————

はさみうちの定理, 82
半開区間, 6
左逆行列, 22
否定命題, 4
部分集合, 1
部分列, 110
普遍集合, 3
閉区間, 5
平行六面体, 55
閉集合, 129
閉包, 129
平面, 57
べき級数, 120
ベクトル
　　長さ, 53
ヘッセ行列, 138
ベン図, 2
偏導関数, 135
偏微分可能, 134, 135
偏微分係数, 134
方向ベクトル, 62

法線ベクトル, 57
補集合, 3
Bolzano-Weierstrass の定理, 110

———————— ま行 ————————

右逆行列, 22
右ねじの法則, 55
無縁和 , 2
無限級数, 98
　　収束する, 98
　　　発散する, 98
無限等比級数, 98
命題, 4
　　同値, 5

———————— や行 ————————

ヤコビ行列式, 141
有界, 133
有界閉区間, 113
有限集合, 15
ユークリッド空間, 16

———————— ら行 ————————

ライプニッツの定理, 100
臨界値, 137
隣接互換, 52
零行列, 18
連続, 133
　　D 上連続, 133
論理積, 4
論理和, 4

———————— わ行 ————————

和集合, 2

著者紹介

竹内 潔 (たけうち きよし)

- 1995年 東京大学大学院数理科学研究科数理科学専攻 博士課程修了
- 現　在 東北大学理学研究科数学専攻 教授
- 専　門 代数解析学
- 著　書 「D 加群」(2017年, 共立出版)

久保 隆徹 (くぼ たかゆき)

- 2005年 早稲田大学理工学研究科数理科学専攻 博士後期課程修了
- 現　在 筑波大学数理物質系数学域 講師
- 専　門 偏微分方程式論
- 著　書 「非線形偏微分方程式」共著 (2012年, 朝倉書店)

数学リテラシー *Mathematics Literacy* 2018 年 12 月 30 日 初版 1 刷発行 2025 年 3 月 10 日 初版 7 刷発行	著　者　竹内　潔・久保隆徹 © 2018 発行者　南條光章 発行所　共立出版株式会社 　　　　〒112-0006 　　　　東京都文京区小日向4丁目6番19号 　　　　電話 03-3947-2511（代表） 　　　　振替口座 00110-2-57035 　　　　www.kyoritsu-pub.co.jp 印　刷 製　本　藤原印刷
検印廃止 NDC 410.9 ISBN 978-4-320-11349-7	一般社団法人 　自然科学書協会 　会員 Printed in Japan

---

JCOPY ＜出版者著作権管理機構委託出版物＞
本書の無断複製は著作権法上での例外を除き禁じられています．複製される場合は，そのつど事前に，出版者著作権管理機構（TEL：03-5244-5088，FAX：03-5244-5089，e-mail：info@jcopy.or.jp）の許諾を得てください．